첫 번째 오늘의

즐거운
양말 만들기

첫번째오늘의

즐거운
양말 만들기

× 대바늘 손뜨개 양말 18 ×

정윤주 지음

hansmedia

Prologue

처음 대바늘뜨기를 시작하고 어설픈 솜씨지만 즐겁게 이것저것
만들던 어느 날, 뜨개 양말을 보고 한눈에 반했습니다.
대바늘 양말은 그렇게 운명처럼 제게 다가왔답니다.
이후 양말 뜨는 책도 읽고, 뜨개 클래스에서 양말 뜨는 법을 배우기도
하면서 점점 더 뜨개 양말의 매력에 빠져들었습니다. 비록 양말을
완성하려면 두 짝을 떠야 하지만 양말 뜨기가 너무 매력적이라
그 정도는 감수할만한 일이라고 생각했어요.
물론 지금도 제 수납장에는 한 짝만 뜬 양말이 가득합니다.

이 책에는 그동안 제가 디자인해 도안을 판매했던 양말들 그리고
새롭게 디자인한 양말을 담았습니다.
이미 선보였던 양말 디자인은 디테일한 부분이나 뜨는 방법을
보완했고, 새로 만든 디자인은 다양한 모양과 뜨개 방법을 사용해
완성했어요. 뜨개에 필요한 기법은 글과 사진으로 최대한 자세히
설명했고, 부가적인 설명이 필요하다고 느껴지는 경우에는 QR코드를
통해 영상으로 볼 수 있도록 준비했습니다.

저에게 양말 뜨기는 휴식이기도 하고, 행복이기도 하고, 뜨개를
즐기는 분들과의 소통이기도 합니다. 그래서 완성된 작품은 물론이고
뜨는 과정 자체도 즐길 수 있도록 많은 고민을 하며 원고를 썼습니다.
이 책을 보는 모든 분들이 양말의 매력에 빠지길 바라며,
이미 그 매력에 빠진 분들이라면 더 큰 즐거움이 되길 바라겠습니다.

GIORGIO MORANDI   Une rétrospective

Vis pour voyager et voyage pour vivre

CEREAL 10

Contents

단색 양말

리본 덧신 + 아기
48

바람 들판 양말
56

담쟁이 양말
60

레이스 양말 + 아기
64

빈티지 상점 양말
72

설탕 꽈배기 양말
78

온기 양말
84

침엽수 산책 양말
90

말랑 양말
96

배색 양말

마름모 양말
104

그림 덧신 + 아기
110

물방울 양말
116

하운드투스 양말
120

러브홀릭 양말
126

사각사각 체크 양말
134

블루밍 양말
138

비밀정원 양말
144

작은 발 양말
150

도구

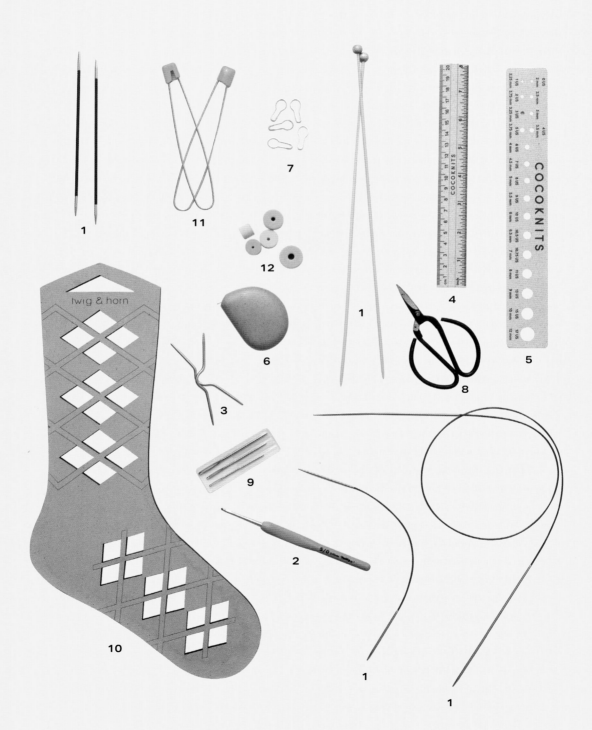

1 대바늘

✕ 80cm 줄바늘

양말을 뜰 때 가장 많이 쓰는 80cm 줄바늘입니다. 양말 뜨기에 많이 쓰는 주디스 매직 코잡기나 메리야스잇기 등의 기법에도 알맞고, 평면뜨기나 아이코드 등 거의 모든 기법에 사용할 수 있어서 제일 추천하는 길이입니다. 대부분의 양말은 80cm 줄바늘 하나로 뜰 수 있어서 꼭 구비해야 하는 도구입니다.

✕ 짧은 줄바늘

다리 또는 발 등 원통으로 뜨는 구간에서 매직루프를 하지 않고 뜰 수 있는 짧은 줄바늘입니다. 80cm 줄바늘의 경우, 원형으로 뜰 때 매직루프를 해야하는데 짧은 줄바늘은 이 과정 없이 간편하게 뜰 수 있습니다. 중단 없이 뜰 수 있어 무늬나 배색을 뜰 때 도안에 집중해 일정하게 뜰 수 있습니다. 대신 익숙해지기까지 손이 아플 수 있어요.

✕ 장갑바늘

예전에는 많이 사용했는데, 요즘은 줄바늘이나 숏팁에 비해 많이 사용하지는 않습니다. 한번에 4개 또는 5개의 바늘로 뜨며, 상황에 따라 코를 나눌 수 있어 마커 없이도 뜰 수 있다는 장점이 있습니다. 평면뜨기나 아이코드를 뜰 때 사용하기 좋습니다.

✕ 막힘바늘

한쪽이 막힌 바늘로 평면뜨기에 사용하기 좋습니다.

✕ 조립식 바늘

바늘 길이나 줄 길이를 조합해서 원하는 길이의 줄바늘을 만들 수 있습니다. 줄이 편물 두께보다 짧거나 크면 고르게 뜨기 어렵거나 장력이 달라질 수도 있는데 사이즈나 무늬에 따라 그때그때 알맞은 길이로 변경할 수 있어서 유용합니다.

2 코바늘

이 책에서 코바늘은 별도의 실로 사슬코를 만들 때 사용합니다. 보통 양말을 뜰 때 쓰는 대바늘(2.5mm)보다 약간 큰 사이즈의 코바늘(3.0mm)로 사슬코를 만들어요.

3 꽈배기바늘

교차무늬를 뜰 때 코의 위치를 바꾸는 역할을 맡는 바늘입니다. 양말은 얇은 실과 바늘로 뜨는 경우가 많아서 꽈배기 바늘도 얇은 것으로 사용합니다. 꽈배기 바늘이 없다면 짧은 장갑바늘로 대체 가능합니다.

4 게이지 자

양말의 콧수와 단수를 잴 때 쓰는 자로 게이지를 확인할 때 사용합니다. 게이지자는 일반적인 자 모양, 사방 10cm의 구멍이 있는 모양, 십자가 모양 등 다양합니다. 사용하기에 편한 자를 골라 사용하세요.

5 니들 게이지 자

양말 뜨기용 바늘은 가늘기 때문에 치수 확인이 어려운 경우가 있습니다. 이런 경우 바늘의 굵기를 확인할 수 있는 게이지 자를 사용합니다. 구멍에 바늘을 넣어 보며 바늘의 사이즈를 확인합니다.

6 줄자

발과 양말의 길이나 둘레 등 치수를 잴 때 두루두루 사용할 수 있습니다. 특히 발둘레를 잴 때 유용해요.

7 마커

콧수와 단수를 표시할 때 사용합니다. 일정한 콧수마다 마커로 표시하면 콧수를 일일이 세지 않아도 알 수 있어요. 반복되는 무늬의 시작 부분에 마커를 걸면 진행 중인 단수를 확인하기 쉽습니다. 개방형 마커를 사용하면 콧수와 단수 모두 사용이 가능하고, 중간에 수정하기도 용이합니다.

8 가위

실을 자를 때 사용합니다.

9 돗바늘

뜨개를 마무리할 때 사용합니다.

10 양말 블로커

교차무늬나 배색무늬 양말의 모양을 잡을 때 사용합니다.

11 스티치 홀더

코를 잠시 쉴 때 안전하게 옮겨둘 수 있는 도구입니다. 옷핀이나 여분의 바늘을 사용해도 좋고, 뜨고 있는 줄바늘에 쉬게 하는 경우도 있어요.

12 스토퍼

뜨개를 쉬거나 바늘에 옮긴 쉼코를 안전하게 보호할 때 사용합니다. 특히 양말용 숏팁으로 뜨다가 쉬는 경우에는 꼭 스토퍼를 끼워두세요.

실

1

2

3

4

5

6

7

8

9

1. **산네스 간(SANDNES GARN)의**
   선데이(Sunday)

   | 울 100%
   | 50g, 235m

   - 리본 덧신, 설탕 꽈배기 양말, 작은 발 양말

2. **KPC YARN의**
   글랜콜 4ply(Glencoul 4ply)

   | 울 70%, 면 30%
   | 50g, 175m

   - 그림 덧신, 사각사각 체크 양말, 블루밍 양말

3. **니팅 포 올리브(KNITTING FOR OLIVE)의**
   메리노(Merino)

   | 울 100%
   | 50g, 250m

   - 바람 들판 양말, 담쟁이 양말, 레이스 양말

4. **로사 포마르(ROSA POMAR)의**
   몬딤(Mondim)

   | 울 100%
   | 100g, 385m

   - 침엽수 산책 양말, 마름모 양말

5. **레지아(Regia)의**
   메리노야크(Merino Yak)

   | 울 58%, 폴리 28%, 야크 14%
   | 100g, 400m

   - 빈티지 상점 양말

6. **이사거(ISAGER)의**
   삭얀(SockYarn)

   | 알파카 40%, 울 40%, 재생나일론 20%
   | 50g, 194m

   - 온기 양말, 말랑 양말

7. **다루마(DARUMA)의**
   슈퍼워시 스패니쉬 메리노 포삭
   (Superwash Spanish Merino ForSock)

   | 울 80%, 나일론 20%
   | 50g, 212m

   - 러브홀릭 양말

8. **랑(LANG)의**
   자울(Jawoll)

   | 울 75%, 나일론 25%
   | 50g(보강실 5g), 210m

   - 하운드투스 양말, 비밀정원 양말

9. **오팔(OPAL)의**
   유니4ply(Uni4ply)

   | 울 75%, 폴리 25%
   | 100g, 425m

   - 물방울 양말

양말의 구조

각 부분의 명칭입니다.

긴 양말

× 라운드 힐

- 커프
- 다리
- 뒤꿈치
- 거싯
- 발
- 발가락

× 숏로우

- 커프
- 다리
- 뒤꿈치
- 발
- 발가락

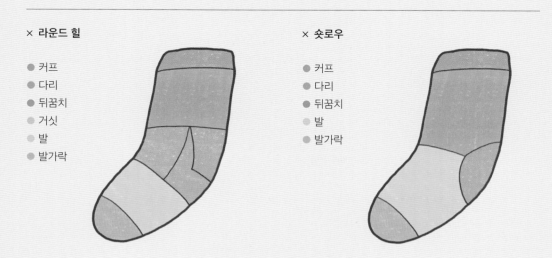

발목 양말

× 라운드힐

- 커프
- 뒤꿈치
- 거싯
- 발
- 발가락

× 숏로우

- 커프
- 뒤꿈치
- 발
- 발가락

덧신

- 커프
- 뒤꿈치
- 발
- 발가락

양말의 종류

이 책에 나오는 양말의 종류를 여러 가지 기준별로 나눴습니다.

양말 길이에 따른 종류

× **긴 양말**
발목 위 10cm 이상 되는 길이로 가장 기본적인 양말입니다.
예) 빈티지 상점 양말, 하운드투스 양말

× **발목 양말**
긴양말과 덧신의 중간 정도 길이로 발목까지 오는 양말입니다.
예) 바람 들판 양말, 레이스 양말

× **덧신**
발만 감싸는 정도로 발등이 어느 정도 보이는 양말입니다.
예) 리본 덧신, 그림 덧신

뜨는 방향에 따른 종류

× **커프 다운(Cuff Down)**
긴 양말이나 발목 양말의 커프나 다리에서 시작해서 발가락에서 마무리하는 방식을 말합니다.
예) 말랑 양말, 사각사각 체크 양말

× **토업(Toe up)**
발가락에서 시작해서 발등, 발목, 다리에서 마무리하는 방식을 말합니다.
예) 침엽수 산책 양말, 러브홀릭 양말

무늬에 따른 종류

× **교차무늬 양말**
꽈배기 바늘을 이용한 교차무늬 양말입니다.
예) 온기 양말, 말랑 양말

× **레이스무늬 양말**
바늘비우기와 모아뜨기등을 조합해서 뜨는 레이스무늬 양말입니다.
예) 담쟁이 양말, 바람 들판 양말

× **배색무늬 양말**
두 가지 이상의 색을 조합해서 뜨는 양말입니다.
예) 마름모 양말, 비밀정원 양말

뒤꿈치 모양에 따른 종류

× **라운드힐(Round Heel)**
힐플랩(Heel Flap)과 힐턴(Heel Turn)으로 만든 뒤꿈치입니다. 기본 모양은 클래식하지만, 무늬를 넣어서 다양한 모양의 뒤꿈치를 만들 수 있습니다.
예) 설탕 꽈배기 양말, 바람 들판 양말

× **숏로우힐(Short Row Heel)**
숏로우(Short Row)로 만든 뒤꿈치입니다. 깔끔하고, 단순한 모양의 뒤꿈치를 만들 수 있습니다.
예) 물방울 양말, 블루밍 양말

발가락 모양에 따른 종류

× **기본 발가락**
발가락 양쪽을 늘리거나 줄여서 만드는 발가락으로 토업은 늘리고, 커프 다운은 줄여서 만듭니다.
예) 말랑 양말, 작은 발 양말

× **숏로우 발가락**
숏로우로 만드는 발가락으로 별도의 실로 코를 시작합니다.
예) 리본 양말, 물방울 양말

사이즈 선택하기

1. 게이지로 확인하기

게이지는 메리야스뜨기를 한 편물의 사방 10cm 안에 들어가는 콧수와 단수를 말합니다. 12cm 이상의 편물을 뜨고 세탁한 다음 블로킹을 해서 모양을 잡습니다. 충분히 마른 편물에 자를 대고 콧수와 단수를 확인해서 도안의 게이지와 비교합니다. 만약 도안에서 사방 10cm 안에 30코x30단을 제시했는데 내 게이지가 28코x28단이 나왔다면 바늘을 한 사이즈 작게 바꿔서 게이지를 확인합니다. 내 게이지가 32코x32단이 나왔다면 바늘을 한 사이즈 크게 바꿔서 게이지를 확인합니다.

하지만 정확하게 딱 맞는 게이지는 생각보다 어렵습니다. 심지어 콧수는 맞는데 단수가 다를 때도 있고, 바늘을 여러 번 변경해도 맞지 않는 등 여러 가지 변수가 있을 수 있습니다. 그럴 때는 시험뜨기로 확인하는 방법을 추천합니다.

2. 시험뜨기로 확인하기

발 치수 재기

양말은 발에 밀착해서 신기 때문에 발둘레와 발길이가 중요합니다.
그래서 가장 먼저 맨발의 발둘레와 발길이를 측정합니다.

 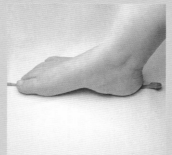

발둘레는 줄자로 발의 가장 넓은 부분의 둘레를 잽니다. 이때 줄자를 꽉 조이지 않도록 힘을 뺀 상태로 재야 합니다.

발길이는 자의 0에 뒤꿈치를 맞추고 발가락까지의 길이를 잽니다. 신발 치수와 다를 수 있기 때문에 반드시 측정해야 합니다. 양말 발길이는 측정한 발길이보다 1~2cm 작게 완성합니다. 양말 발둘레는 도안마다 쓰여 있는 여유분을 참고해서 사이즈를 선택합니다.

여유분

도안에는 늘어날 것을 감안해서 여유분 치수를 제시합니다. 여유분은 완성된 발둘레에서 무늬의 변형이 허용되는 영역까지의 수치입니다. 제시된 발둘레에 여유분 치수를 더하면 양말을 신을 수 있는 최대 발둘레가 나옵니다. 같은 코수라도 교차무늬나 고무뜨기의 경우 메리야스 편물보다 발둘레가 작게 나옵니다. 하지만 신축성이 좋아서 제시된 발둘레보다 발이 커도 신을 수 있습니다.

[발둘레 17cm(3.5cm 여유)] 라고 표기되어 있다면 17cm부터 20.5cm까지 신을 수 있습니다. 만약 한 치수 작거나 큰 사이즈와 겹칠 경우 딱 맞게 신고 싶으면 작은 사이즈, 편안하게 신고 싶으면 큰 사이즈로 고릅니다.

발둘레 시험뜨기

양말을 뜰 때는 먼저 발 사이즈에 맞추는 것이 중요합니다. 메리야스나 무늬의 게이지를 확인하지 않아도 발둘레 부분을 원형으로 시험뜨기를 하면 알맞은 사이즈를 확인할 수 있습니다.

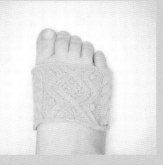

이때 무늬가 있는 경우 무늬를 1세트 이상 떠야합니다. 시험뜨기한 편물은 느슨하게 코막음을 합니다.

완성된 편물을 찬물에 전용 세제로 손세탁하고, 수건에 펴서 말고 물기를 꽉 짜냅니다. 마지막으로 양말 블로커에 끼워서 모양을 잡고 그늘에서 말립니다.

다 마른 편물을 발에 신어봅니다. 만약 발에 맞다면 그대로, 헐렁하다면 한 치수 작은 바늘로, 너무 조인다면 한 치수 큰 바늘로 변경해서 뜹니다.

양말 뜨기의 기초

코잡기

기본 코잡기

가장 기본적인 코잡기 방법입니다.

1. 매듭을 바늘에 끼워서 조이고 사진처럼 엄지와 검지에 실을 건다.

2. 실이 걸린 상태로 손을 세우고 남는 실을 잡는다. 엄지에 걸린 실 앞쪽에 바늘을 넣는다. 이때 바늘을 아래에서 위로 나오게 넣는다.

3. 검지에 걸린 실에 바늘을 넣는다. 이때 바늘을 위에서 아래로 찔러 넣는다.

4. 엄지에 걸린 실 사이로 검지의 실을 끌어온다. 이때 바늘을 위에서 아래로 찔러 넣는다. 실이 걸린 채로 바늘을 당긴다.

5. 엄지와 검지에 걸린 실을 빼며 바늘에 조여서 한 코 만든다. 이때 바늘을 너무 꽉 조이지 않도록 주의한다. 한 코가 완성된 모습.

6. 반복해서 원하는만큼 느슨하게 코를 만든다.

올드 노르웨이 코잡기

기본 코잡기보다 신축성 있는 코를 만들 수 있습니다.

1. 매듭을 바늘에 끼워서 조이고 사진처럼 엄지와 검지에 실을 건다.

2. 실이 걸린 상태로 손을 세우고 남는 실을 잡는다. 엄지에 걸린 두 실의 아래에 바늘을 넣는다.

3. 엄지에 걸린 실 중에서 검지에 가까운 실을 걸고 당긴다.

4. 검지에 걸린 실 중에서 엄지에 가까운 실을 오른쪽에서 왼쪽으로 걸어 엄지에 걸린 사이로 끌어온다.

5. 엄지와 검지에 걸린 실을 빼며 바늘을 조여서 한 코 만든다. 이때 바늘을 너무 꽉 조이지 않도록 주의한다.

주디스 매직 코잡기

발가락에서 시작하는 토업 양말을 뜰 때 코를 만드는 방법입니다.

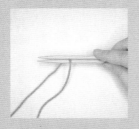

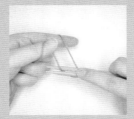

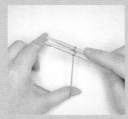

1. 줄바늘을 가지런히 잡고 아래쪽 바늘에 실을 건다.

2. 사진처럼 엄지와 검지에 실을 건다.

3. 엄지에 걸린 실을 위쪽 바늘 아래에서 위로 감는다.

4. 바늘마다 한 코씩 걸린 모습.

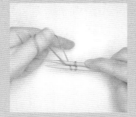

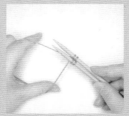

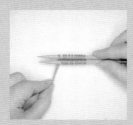

5. 검지에 걸린 실을 아래쪽 바늘 아래에서 위로 감는다.

6. 다시 엄지에 걸린 실을 위쪽 바늘 아래에서 위로 감는다.

7. 바늘마다 한 코씩 더 늘어난 모습.

8. 5, 6을 반복해 원하는 만큼 코를 만든다.

별도의 실로 코잡기

발가락을 숏로우로 시작할 때 코를 만드는 방법입니다.

1. 코바늘로 사슬코를 만든다. 원하는 콧수보다 조금 더 여유롭게 만든다.

2. 실을 자르고 마지막 부분을 묶어서 표시한다. 나중에 실을 풀어낼 때 필요하다. 풀어내는 설명은 양말마다 다르므로 각 양말 도안의 지시를 따른다.

3. 사슬산에 바늘을 넣는다.

4. 편물을 뜰 실로 코를 줍는다.

'별도의 실로 코잡기(24p)'를 참고해서 코를 만들고, 숫로우로 발가락을 만듭니다.

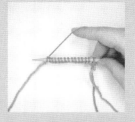 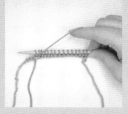  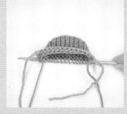

1. 별도의 실로 원하는만큼 코를 만든다.

2. 편물을 뒤집고, 안뜨기를 1단 뜬다. 사진은 안뜨기를 모두 뜬 모습.

3. 뜨려는 양말 도안의 지시대로 숫로우를 뜬다.

4. 사진처럼 별도의 실로 코를 잡은 부분이 위로 가게 놓는다.

  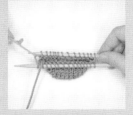 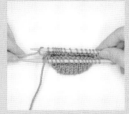

5. 묶어서 표시한 사슬 마지막 부분의 매듭을 잡고 실을 풀어낸다.

6. 사슬에 걸린 코에 바늘을 찔러 넣고 사슬을 풀어낸다.

7. 마지막 코가 남은 사슬을 당기면 걸려있는 실이 잘 보인다.

8. 걸려있는 실에 바늘을 넣는다.

9. 사슬을 모두 풀어내면 숫로우로 만든 발가락이 완성된다.

겉뜨기

1. 실을 바늘 뒤에 두고, 왼쪽 바늘의 첫 번째 코에 앞에서 뒤로 바늘을 찔러 넣는다.

2. 찔러 넣은 바늘에 실을 시계 반대 방향으로 감는다.

3. 감은 실을 코 사이로 뺀다. 왼쪽 바늘에 걸린 코를 뺀다. 겉뜨기 1코 완성.

안뜨기

1. 실을 바늘 앞에 두고, 왼쪽 바늘의 첫 번째 코에 뒤에서 앞으로 바늘을 찔러 넣는다.

2. 찔러 넣은 바늘에 실을 시계 반대 방향으로 감는다.

3. 감은 실을 코 사이로 뺀다. 왼쪽 바늘에 걸린 코를 뺀다. 안뜨기 1코 완성.

겉뜨기에서 걸러뜨기

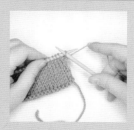 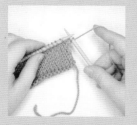

1. 실을 바늘 뒤에 두고, 왼쪽 바늘의 첫 번째 코에 뒤에서 앞으로 바늘을 찔러 넣는다.

2. 코를 그대로 왼쪽 바늘에서 오른쪽 바늘로 옮긴다.

안뜨기에서 걸러뜨기

1. 실을 바늘 앞에 두고, 왼쪽 바늘의 첫 번째 코에 뒤에서 앞으로 바늘을 찔러 넣는다.

2. 코를 그대로 왼쪽 바늘에서 오른쪽 바늘로 옮긴다.

꼬아뜨기

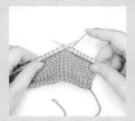  

1. 실을 바늘 뒤에 두고, 왼쪽 바늘의 첫 번째 코의 뒤쪽에 앞에서 뒤로 바늘을 찔러 넣는다.

2. 찔러 넣은 바늘에 실을 시계 반대 방향으로 감는다.

3. 감은 실을 코 사이로 뺀다. 왼쪽 바늘에 걸린 코를 뺀다.

바늘비우기

1. 오른쪽 바늘에 실을 시계 반대 방향으로 감는다.

2. 다음 코를 겉뜨기 한다.

3. 겉뜨기 1코와 바늘비우기 코가 만들어진다.

오른코늘리기(M1R)

 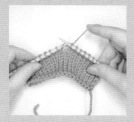 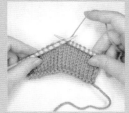 

1. 코와 코 사이에 연결된 실이 있다.

2. 왼쪽 바늘을 연결된 실 뒤에서 앞으로 찔러 넣는다.

3. 걸린 실의 앞쪽에 앞에서 뒤로 바늘을 찔러 넣는다.

4. 오른쪽 바늘에 실을 시계 반대 방향으로 감고, 코 사이로 뺀다. 왼쪽 바늘에 걸린 코를 뺀다.

왼코늘리기(M1L)

1. 코와 코 사이에 연결된 실이 있다.

2. 왼쪽 바늘을 연결된 실 앞에서 뒤로 찔러 넣는다.

3. 걸린 실의 뒤쪽에 앞에서 뒤로 바늘을 찔러 넣는다.

4. 오른쪽 바늘에 실을 시계 반대 방향으로 감고, 코 사이로 빼낸다. 왼쪽 바늘에 걸린 코를 뺀다.

오른코 모아뜨기(SSK)

1. 2코를 차례대로 걸러 뜨기한다.

2. 걸러뜨기한 2코에 한꺼번에 앞에서 뒤로 왼쪽 바늘을 넣는다.

3. 오른쪽 바늘에 실을 시계 반대 방향으로 감는다.

4. 감은 실을 왼쪽 바늘에 걸린 2코 사이로 한꺼번에 빼낸다. 왼쪽 바늘에 걸린 2코를 뺀다.

왼코 모아뜨기(k2tog)

1. 2코에 한꺼번에 앞에서 뒤로 오른쪽 바늘을 넣는다.

2. 오른쪽 바늘에 실을 시계 반대 방향으로 감는다.

3. 감은 실을 왼쪽 바늘에 걸린 2코 사이로 한꺼번에 빼낸다. 왼쪽 바늘에 걸린 2코를 뺀다.

2코 모아안뜨기(p2tog)

  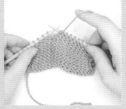

1. 2코에 한꺼번에 뒤에서 앞으로 오른쪽 바늘을 넣는다.

2. 오른쪽 바늘에 실을 시계 반대 방향으로 감는다.

3. 감은 실을 왼쪽 바늘에 걸린 2코 사이로 한꺼번에 빼낸다. 왼쪽 바늘에 걸린 2코를 뺀다.

1. 2코에 한꺼번에 겉뜨기 방향으로 오른쪽 바늘을 찔러 넣는다.

2. 그대로 오른쪽 바늘로 2코를 옮긴다.

3. 다음 코를 겉뜨기한다.

4. 2에서 옮긴 2코에 한꺼번에 왼쪽 바늘을 찔러 넣는다,

5. 걸린 2코를 당겨 오른쪽 바늘 밖으로 뺀다. (=겉뜨기 코를 덮어씌운다.)

1. 왼쪽 바늘 첫 번째 코의 뒤쪽에 겉뜨기 방향으로 바늘을 넣고, 오른쪽 바늘에 시계 반대 방향으로 실을 감는다.

2. 감은 실을 코 사이로 뺀다.

3. 다시 왼쪽 바늘 첫 번째 코의 앞쪽에 겉뜨기 방향으로 바늘을 넣고, 오른쪽 바늘에 시계 반대 방향으로 실을 감는다.

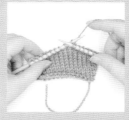

4. 감은 실을 코 사이로 뺀다.

5. 다시 왼쪽 바늘 첫 번째 코의 뒤쪽에 겉뜨기 방향으로 바늘을 넣고, 오른쪽 바늘에 시계 반대 방향으로 실을 감는다.

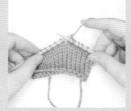

6. 감은 실을 코 사이로 뺀다. 왼쪽 바늘에 걸린 코도 뺀다. 오른쪽 바늘에 3코가 생긴 모습.

7. 안면이 보이게 뒤집어서 3코를 차례대로 안뜨기를 한다.

8. 겉면이 보이게 뒤집어서 3코를 차례대로 겉뜨기를 한다.

9. 안면이 보이게 뒤집어서 3코를 차례대로 안뜨기를 한다.

10. 겉면이 보이게 뒤집고, 왼쪽 바늘의 2코를 오른쪽 바늘로 옮긴다.

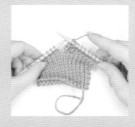

11. 다음 코를 겉뜨기한다.

12. 10에서 옮긴 2코로 겉뜨기 코를 덮어씌우면 구슬이 만들어진다.

겉1앞/겉1

꽈배기바늘에 1코를 옮겨 편물 앞에 둔다. 다음 1코를 겉뜨기한 후, 꽈배기 바늘에 옮겨둔 1코를 겉뜨기한다.

겉1뒤/겉1

꽈배기바늘에 1코를 옮겨 편물 뒤에 둔다. 다음 1코를 겉뜨기한 후, 꽈배기 바늘에 옮겨둔 1코를 겉뜨기한다.

겉2앞/겉2

꽈배기바늘에 2코를 옮겨 편물 앞에 둔다. 다음 2코를 겉뜨기한 후, 꽈배기 바늘에 옮겨둔 2코를 겉뜨기한다.

겉2뒤/겉2

꽈배기 바늘에 2코를 옮겨 편물 뒤에 둔다. 다음 2코를 겉뜨기한 후, 꽈배기 바늘에 옮겨둔 2코를 겉뜨기한다.

겉3앞/겉3

꽈배기바늘에 3코를 옮겨 편물 앞에 둔다. 다음 3코를 겉뜨기한 후, 꽈배기 바늘에 옮겨둔 3코를 겉뜨기한다.

겉3뒤/겉3

꽈배기바늘에 3코를 옮겨 편물 뒤에 둔다. 다음 3코를 겉뜨기한 후, 꽈배기 바늘에 옮겨둔 3코를 겉뜨기한다.

겉2앞/안1

꽈배기바늘에 2코를 옮겨 편물 앞에 둔다. 다음 1코를 안뜨기한 후, 꽈배기 바늘에 옮겨둔 2코를 겉뜨기한다.

안1뒤/겉2

꽈배기바늘에 1코를 옮겨 편물 뒤에 둔다. 다음 2코를 겉뜨기한 후, 꽈배기 바늘에 옮겨둔 1코를 안뜨기한다.

겉1앞/안2뒤/겉1

꽈배기바늘1에 1코를 옮겨 편물 앞에 두고 꽈배기바늘2에 다음 2코를 옮겨 편물 뒤에 둔다. 다음 1코를 겉뜨기한 후, 꽈배기바늘2에 옮겨둔 2코를 안뜨기, 꽈배기바늘1에 옮겨둔 1코를 겉뜨기한다.

겉2앞/안1뒤/겉2

꽈배기바늘1에 2코를 옮겨 편물 앞에 두고 꽈배기바늘2에 다음 1코를 옮겨 편물 뒤에 둔다. 다음 2코를 겉뜨기한 후, 꽈배기바늘2에 옮겨둔 1코를 안뜨기, 꽈배기바늘1에 옮겨둔 2코를 겉뜨기한다.

꼬아1앞/안1

꽈배기바늘에 1코를 옮겨 편물 앞에 둔다. 다음 1코를 안뜨기한 후, 꽈배기 바늘에 옮겨둔 1코를 꼬아뜨기한다.

안1뒤/꼬아1

꽈배기바늘에 1코를 옮겨 편물 뒤에 둔다. 다음 1코를 꼬아뜨기한 후, 꽈배기 바늘에 옮겨둔 1코를 안뜨기한다.

뒤꿈치

라운드 힐

벌어진 틈

1. 사진과 같이 코와 코 사이가 벌어진 틈을 말한다.

2. 벌어진 틈 전에 1코 남을 때까지 겉뜨기한 모습.

코줍기

1. 편물 옆면 코의 앞에서 뒤로 바늘을 찔러 넣는다.

2. 바늘에 실을 시계 반대 방향으로 감는다.

3. 감은 실을 코 밖으로 뺀다.

4. 원하는 콧수만큼 줍는다.

겉뜨기코로 DS(더블스티치) 만들기

1. 실을 바늘 앞에 두고 왼쪽 코의 안뜨기 방향으로 바늘을 찔러 넣는다.

2. 바늘을 넣은 코를 왼쪽 바늘에서 뺀다.

3. 실을 당겨서 바늘에 코를 감는다.

4. 다음 코를 겉뜨기한다. 더블스티치가 만들어진 모습.

안뜨기코로 DS(더블스티치) 만들기

1. 실을 바늘 앞에 두고 왼쪽 코의 안뜨기 방향으로 바늘을 찔러 넣는다.

2. 바늘을 넣은 코를 왼쪽 바늘에서 뺀다.

3. 실을 당겨서 바늘에 코를 감는다.

4. 다음 코를 안뜨기한다. 더블스티치가 만들어진 모습.

DS 겉뜨기

1. DS 전까지 겉뜨기한다.

2. DS에 겉뜨기 방향으로 바늘을 찔러 넣는다.

3. 찔러 넣은 바늘에 실을 시계 반대 방향으로 감아서 겉뜨기한다.

1. DS 전까지 안뜨기한다.

2. DS에 안뜨기 방향으로 바늘을 찔러 넣는다.

3. 찔러 넣은 바늘에 실을 시계 반대 방향으로 감아서 안뜨기한다.

코막음

덮어씌워 코막음

가장 기본적인 코막음 방법입니다.
사진은 2코 고무뜨기를 마무리하는 것으로 겉뜨기코는 겉뜨기로, 안뜨기코는 안뜨기를 뜨고 덮어씌워 코막음합니다.

1. 겉뜨기코를 겉뜨기한다.

2. 다음 겉뜨기코도 겉뜨기한다.

3. 오른쪽 바늘에서 먼저 뜬 코를 두 번째 코에 덮어씌운다.

4. 안뜨기코를 안뜨기한다.

5. 오른쪽 바늘에서 먼저 뜬 코를 두 번째 코에 덮어씌운다.

덮어씌워 코막음보다 신축성 있게 마무리하는 방법입니다.

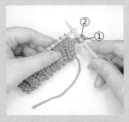

1. 겉뜨기를 하기 전에 실로 오른쪽 바늘을 앞에서 뒤로 감는다.

2. 겉뜨기를 1코 뜨면 바늘에 2코가 걸려있다.

3. ①번 코로 ②번 코를 덮어씌운다.

4. 안뜨기를 하기 전에 실로 오른쪽 바늘을 뒤에서 앞으로 감는다.

5. 다음 코를 안뜨기하면 바늘에 3코가 걸려있다.

6. ③번, ②번 코를 차례대로 덮어씌운다.

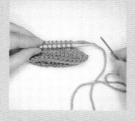

1. 메리야스 잇기를 할 코들의 3~4배 정도 길이로 실을 자르고 돗바늘에 끼운다. 사진은 참고용으로 다른 색실을 사용했으나 실제로는 같은 실을 사용한다.

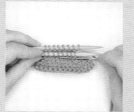

2. 앞 바늘 안뜨기 방향으로 돗바늘을 넣고 실을 당겨 조인다.

3. 뒷 바늘 겉뜨기 방향으로 돗바늘을 넣고 실을 당겨 조인다.

4. 앞 바늘 겉뜨기 방향으로 돗바늘을 넣고 코를 뺀다.

5. 앞 바늘 안뜨기 방향으로 돗바늘을 넣고 실을 당겨 조인다.

6. 뒷 바늘 안뜨기 방향으로 돗바늘을 넣고 코를 뺀다.

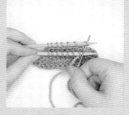

7. 뒷 바늘 겉뜨기 방향으로 돗바늘을 넣고 실을 당겨 조인다.

8. 4~7을 반복해서 모든 코를 메리야스 잇기한다.

색상 추천

배색할 색을 정할 때 색상의 톤을 맞추면 안정적인 느낌의 양말을 뜰 수 있습니다. 비비드(Vivid), 다크(Dark), 페일(Pale) 등 색상의 명도나 채도를 비슷하게 맞추면 됩니다. 반면에 완전히 반대되는 톤의 색상을 고르면 색다른 배색을 할 수 있습니다. 페일(Pale)과 비비드(Vivid)를 배색한다면 강렬한 느낌의 양말로 완성될 확률이 높습니다.

하지만 실제 색상 선택은 이처럼 간단하게 느껴지지 않아요. 실을 볼 상태로 보는 것과 편물로 떴을 때의 색이 다를 수 있습니다. 거기에 배색까지 하면 서로의 색상에 영향을 받아서 예상과 전혀 다른 느낌이 들기도 합니다. 저 또한 열심히 고른 색의 실로 뜨다가 어느 순간 마음에 들지 않아 다른 실로 처음부터 다시 뜬 경험이 있어요.

그래서 그동안의 경험을 바탕으로 각 무늬에 가장 어울릴만한 색상을 골라서 샘플을 제작했습니다. 양말의 디자인마다 어울릴 다른 색상도 추천했으니 실을 선택할 때 참고하세요. 하지만 배색은 어디까지나 개인의 취향입니다. 샘플과 같은 색이나 '베리에이션 추천'에 있는 색으로 골라도 좋지만 내가 좋아하는 다른 배색으로 떠도 좋습니다. 두려워하지 말고 나만의 배색을 찾아보세요.

01 리본 덧신

| 1012 | 5023 | 1012 | 4008 | 1012 | 8733 |

02 바람 들판 양말

더스티 로즈
(Dusty Rose) 크림(Cream) 헤이즐(Hazel)

03 담쟁이 양말

발레리나
(Ballerina)

더스티 아티초코
(Dusty Artichoke)

04 레이스 양말

유니콘 퍼플
(Unicorn Purple) 크림(Cream)

펄 그레이
(Pearl Gray) 크림(Cream)

포피 블루
(Poppy Blue) 크림(Cream)

05 빈티지 상점 양말

7504 7511 7507

06 설탕 꽈배기 양말

1012 2114 3021

07 온기 양말

61 46 59

08 침엽수 산책 양말

300　　　　112　　　　309

09 말랑 양말

32　　　　0　　　　44

10 마름모 양말

100　　114　　100　　201　　100　　106

11 그림 덧신

컨페티　　아이보리　　패러킷　　어텀리프

럭키헤더　　아이보리　　미스트　　망고

12 물방울 양말

| 5182 | 3081 | 5188 | 3081 | 5189 | 3081 |

13 하운드투스 양말

| 94 | 95 | 94 | 4 | 109 | 318 |

14 러브홀릭 양말

| 101 | 104 | 101 | 103 |

15 사각사각 체크 양말

| 럭키헤더 | 압생트 | 아이보리 | 스모키그레이프 |

| 페어드롭 | 아이스버그 | 아이보리 | 비하이브 |

16 블루밍 양말

피코크   아이보리   레드소르베   패러킷   아이보리   오렌지필

17 비밀 정원 양말

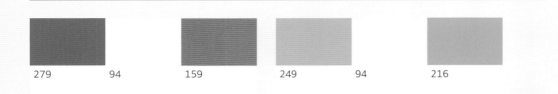

279   94   159   249   94   216

18 작은 발 양말

1012   2345   1012   3536   1012   7723

이 책을 보는 법

Tender socks

말랑 양말

꽈배기에서 구슬까지 다양한 무늬를 조합해 만든 양말이에요.
발목에서 발까지 물 흐르듯이 이어지는 디테일이 매력적이랍니다.
무늬가 다소 어려워 보이지만 차근차근 뜨면 어느새 예쁘게 완성된 양말을 만날 수 있을 거예요.

완성된 양말의 치수입니다.
발둘레의 여유분을 참고해서 사이즈를 선택하고,
원하는 발길이로 완성합니다.
'여유분'에 관한 설명은 21p를 참고하세요.

완성 크기
사이즈 : 1(2)
발둘레 : 18(19)cm (3.5cm 여유)
발길이 : 측정한 발길이보다 1~2cm 작게 완성
샘플 : 사이즈 1, 양말 발길이 23cm

실
이사거(Isager)의 삭얀(SockYarn)
32번 2볼

샘플에 사용한
실의 정보와
추천 색상
입니다.

도구
2.5mm 대바늘, 꽈배기바늘 2개, 마커, 자, 가위, 돗바늘

뜨개에 필요한
도구입니다.

게이지
2.5mm 대바늘
10cm 메리야스 : 30코×44단
무늬 C(37코×18단) : 약 7cm×4cm

메리야스 게이지와
무늬나 배색
치수입니다.

뜨는 순서
커프 다운(cuff down)
커프 → 다리 → 뒤꿈치 → 거싯 → 발 → 발가락

양말을 뜨는 순서입니다.

베리에이션 컬러 추천
○ 0번, ● 44번

샘플 외에 추천하는
색상입니다.

86

43

기호 도안을 따라 뜰 때 시작하는
단을 헷갈리지 않도록 홀수단과
짝수단으로 구분했습니다.
해당 부분을 반복하라는 지시문이
나오면 기호 도안을 따라 쭉 이어서
뜨면 됩니다.

커프

코잡기

2.5mm 대바늘로 74(78)코를 만든다. [총 74(78)코]

고무뜨기

사이즈 1

1. 마커A 걸기, 원형으로 * 겉뜨기 2, 안뜨기 2, 겉뜨기
   2, 안뜨기 1 * 을 2회 반복, * 겉뜨기 2, 안뜨기
   2 * 를 2회 반복, 겉뜨기 2, 안뜨기 1, 겉뜨기 2,
   * 안뜨기 2, 겉뜨기 2 * 를 2회 반복, * 안뜨기
   1, 겉뜨기 2, 안뜨기 2, 겉뜨기 2 * 를 2회 반복,
   마커B 걸기, * 안뜨기 1, 겉뜨기 2 * 를 단 끝에
   1코 남을 때까지 반복, 안뜨기 1을 한다. [총 74코,
   49코/25코]

2. 1을 11단 더 반복한다.

사이즈 2

1. 마커A 걸기, 원형으로 * 겉뜨기 2, 안뜨기 2, 겉뜨기
   2, 안뜨기 1 * 을 2회 반복, * 겉뜨기 2, 안뜨기
   2 * 를 2회 반복, 겉뜨기 2, 안뜨기 1, 겉뜨기 2,
   * 안뜨기 2, 겉뜨기 2 * 을 2회 반복, * 안뜨기
   1, 겉뜨기 2, 안뜨기 2, 겉뜨기 2 * 를 2회 반복, 마커B
   걸기, * 안뜨기 1, 겉뜨기 2, 안뜨기 2, 겉뜨기 2 * 를
   1코 남을 때까지 반복, 안뜨기 1을 한다. [총 78코,
   49코/29코]

2. 1을 13단 더 반복한다.

다리

무늬뜨기 첫 번째

1. 기호 도안 A의 홀수단 뜨기, 마커B, 안뜨기 1, 단에
   1코 남을 때까지 겉뜨기, 안뜨기 1을 한다. [총
   74(78)코]

2. 기호 도안 A의 짝수단 뜨기, 마커B, * 안뜨기 1,
   겉뜨기 5(6) * 을 단에 1코 남을 때까지 반복, 안뜨기
   1을 한다.

3. 1~2를 반복해서 기호 도안 A를 1회 뜬다.

☐	겉뜨기
▨	안뜨기
⬚	겉2앞/안1뒤/겉2
⬚	겉3앞/겉3
⬚	겉3뒤/겉3
⬚	겉2앞/안1
⬚	안1뒤/겉2

도안의 가로는 코, 세로는 단을
나타냅니다.
오른쪽 하단부터 시작해 왼쪽
방향으로 도안을 읽으며 뜹니다.

기호 도안 A

49 48 47 46 45 44 43 42 41 40 39 38 37 36 35 34 33 32 31 30 29 28 27 26 25 24 23 22 21 20 19 18 17 16 15 14 13 12 11 10 9 8 7 6 5 4 3 2 1

88

무늬뜨기 두 번째

1. 기호 도안 B의 홀수단 뜨기, 마커B, 안뜨기 1, 단에 1코 남을 때까지 겉뜨기, 안뜨기 1을 한다. [총 74(78)코]

2. 기호 도안 B의 짝수단 뜨기, 마커B, * 안뜨기 1, 겉뜨기 5(6) * 을 단에 1코 남을 때까지 반복, 안뜨기 1을 한다.

3. 1~2를 반복해서 기호 도안 B를 2회 뜬다. 이때 마지막 단에서 마커B를 제거한다.

☐	겉뜨기
▨	안뜨기
♥	구슬뜨기
⧄	겉2앞/안1뒤/겉2
⧄	겉3앞/겉3
⧄	겉3뒤/겉3
⧄	겉2앞/안1
⧄	안1뒤/겉2

기호 도안에 사용된 기호입니다. '기호'에 대한 설명은 26~32p를 참고하세요.

기호 도안 B

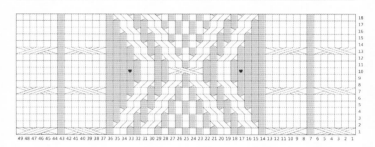

뒤꿈치

위치 잡기

마커A 제거, 겉뜨기 6, 안면이 보이게 편물을 뒤집는다.

힐플랩

1. **안면** 걸러뜨기, 안뜨기 30(34), 마커B 제거, 편물을 뒤집는다. [뒤꿈치 37(41)코]

2. **겉면** * 걸러뜨기, 겉뜨기 1 * 을 뒤꿈치 끝에 1코 남을 때까지 반복, 겉뜨기 1, 편물을 뒤집는다.

3. **안면** 걸러뜨기, 뒤꿈치 끝까지 안뜨기, 편물을 뒤집는다.

4. **겉면** 걸러뜨기, * 걸러뜨기, 겉뜨기 1 * 을 뒤꿈치 끝까지 반복, 편물을 뒤집는다.

5. **안면** 걸러뜨기, 뒤꿈치 끝까지 안뜨기, 편물을 뒤집는다.

6. 3~6을 8(9)회 더 반복한다.

힐턴

1. **겉면** 걸러뜨기, 겉뜨기 23(25), 오른코 모아뜨기, 겉뜨기 1, 편물을 뒤집는다. [뒤꿈치 36(40)코]

단색 양말
solid-colored Socks

리본 덧신 / 바람 들판 양말 / 담쟁이 양말 / 레이스 양말

빈티지 상점 양말 / 설탕 꽈배기 양말 / 온기 양말 / 침엽수 산책 양말 / 말랑 양말

Ribbon socks

리본 덧신

발레리나가 신은 토슈즈에서 힌트를 얻어 디자인한 덧신이에요.

덧신에 예쁜 색의 아이코드 리본으로 포인트를 주어서 때로는 우아해 보이고, 때로는 귀여워 보인답니다.

쌀쌀한 날, 실내에서 신기 좋은 사랑스러운 덧신을 만들어 보세요.

완성 크기

사이즈 : 1(2)
발둘레 : 약 20(21)cm (2.5cm 여유)
발길이 : 측정한 발길이보다 1cm 작게 완성
샘플 : 사이즈 2, 양말 발길이 23cm

실

산네스 간(Sandnes Gan)의 선데이(Sunday)
A실 - 1012번 1볼
B실 - 5023번 1볼

도구

2.5mm 대바늘, 5호(3.0mm) 코바늘, 마커, 자, 가위,
돗바늘

게이지

2.5mm 대바늘
10cm 메리야스 : 30코×46단

뜨는 순서

토업(toe up)
발가락 → 발 → 뒤꿈치 → 아이코드 리본

베리에이션 컬러 추천

B실 - ● 4008번, ○ 8733번

발가락

| A실로 뜹니다. |

숏로우 발가락

코잡기

• 코바늘로 만든 사슬에서 코를 주워 시작합니다.

1. B실과 5호(3.0mm) 코바늘로 사슬 34(36)코를 만들고, 마지막 사슬코 뒤에 남는 실을 묶어서 표시한다.

2. A실과 2.5mm 대바늘로 사슬 마지막 부분부터 사슬산에서 30(32)코를 줍는다. [총 30(32)코]

3. 안뜨기를 1단 뜨고, 편물을 뒤집는다.

숏로우 첫 번째

1. **겉면** DS 만들기, 단 끝까지 겉뜨기, 편물을 뒤집는다. [총 30(32)코]

2. **안면** DS 만들기, DS 전까지 안뜨기, 편물을 뒤집는다.

3. **겉면** DS 만들기, DS 전까지 겉뜨기, 편물을 뒤집는다.

4. **2~3**을 8(9)회 더 반복한다.

• 안면 왼쪽부터 DS 10(11)코, 일반코 11(11)코, DS 9(10)코가 됩니다.

숏로우 두 번째

1. **안면** DS 만들기, DS 전까지 안뜨기, DS 안뜨기 2, 편물을 뒤집는다.

2. **겉면** DS 만들기, DS 전까지 겉뜨기, DS 겉뜨기 2, 편물을 뒤집는다.

3. **1~2**를 7(8)회 더 반복한다.

4. **안면** DS 만들기, DS 전까지 안뜨기, DS 안뜨기 2, 편물을 뒤집는다.

5. **겉면** 걸러뜨기, DS 전까지 겉뜨기, DS 겉뜨기 2를 한다.

마무리

사슬의 마지막 부분부터 30(32)코를 주우며 사슬을 푼다. [총 60(64)코]

발

원형 메리야스뜨기

마커A 걸기, 원형으로 겉뜨기를 발가락 시작에서 쟀을 때, 완성하려는 양말 발길이보다 약 12(13)cm 작을 때까지 뜬다. [총 60(64)코]

• 샘플의 경우 : 약 10cm
  발길이 23cm - (사이즈 2) 13cm = 10cm

원형 → 평면

1. 마커A 제거, 겉뜨기 15(16), 안면이 보이게 편물을 뒤집는다.

2. **안면** 걸러뜨기, 단 끝까지 안뜨기(59(63)코), 편물을 뒤집는다.

4단마다 2코 줄임

1. **겉면** 걸러뜨기, 오른코 모아뜨기, 단에 3코 남을 때까지 겉뜨기, 왼코 모아뜨기, 겉뜨기 1, 편물을 뒤집는다. [총 58(62)코]

2. **안면** 걸러뜨기, 단 끝까지 안뜨기, 편물을 뒤집는다.

3. **겉면** 걸러뜨기, 단 끝까지 겉뜨기, 편물을 뒤집는다.

4. **안면** 걸러뜨기, 단 끝까지 안뜨기, 편물을 뒤집는다.

5. **1~4**를 3회 더 반복한다. [총 52(56)코]

평면 메리야스뜨기

1. **겉면** 걸러뜨기, 단 끝까지 겉뜨기, 편물을 뒤집는다.

2. **안면** 걸러뜨기, 단 끝까지 안뜨기, 편물을 뒤집는다.

3. **1~2**를 발가락 시작에서 쟀을 때, 완성하려는 양말 발길이보다 약 4(4.5)cm 작을 때까지 반복한다.

- 샘플의 경우 : 약 18.5cm
  발길이 23cm - (사이즈 2) 4.5cm = 18.5cm

4. **겉면** 걸러뜨기, 단 끝까지 겉뜨기, 편물을 뒤집는다.

뒤꿈치

숏로우 첫 번째

1. **안면** 걸러뜨기, 안뜨기 40(43)(뒤꿈치에 11(12)코 남음), 편물을 뒤집는다. [총 52(56)코]

2. **겉면** DS 만들기, 겉뜨기 29(31)(뒤꿈치에 11(12)코 남음), 편물을 뒤집는다. [뒤꿈치 30(32)코]

3. **안면** DS 만들기, DS 전까지 안뜨기, 편물을 뒤집는다.

4. **겉면** DS 만들기, DS 전까지 겉뜨기, 편물을 뒤집는다.

5. **3~4**를 9(10)회 더 반복한다.

- 안면 왼쪽부터 DS 10(11)코, 일반코 11(11)코, DS 9(10)코가 됩니다.

숏로우 두 번째

1. **안면** DS 만들기, DS 전까지 안뜨기, DS 안뜨기 2, 편물을 뒤집는다.

2. **겉면** DS 만들기, DS 전까지 겉뜨기, DS 겉뜨기 2, 편물을 뒤집는다.

3. **1~2**를 8(9)회 더 반복한다.

4. **안면** DS 만들기, DS 전까지 안뜨기, DS 안뜨기 2, 단 끝까지 안뜨기, 편물을 뒤집는다.

5. **겉면** 걸러뜨기, DS 전까지 겉뜨기, DS 겉뜨기 2, 단 끝까지 겉뜨기, 편물을 뒤집는다.

6. **안면** 걸러뜨기, 단 끝까지 안뜨기, 편물을 뒤집는다.
   [총 52(56)코]

마무리

느슨하게 덮어씌워 코막음한다.

아이코드 리본

| B실로 뜹니다. |

아이코드 리본 달기

아이코드 첫 번째

1. B실과 2.5mm 대바늘로 4코를 만들고, 코들을 밀어 바늘 반대편으로 옮긴다. [총 4코]

2. 겉뜨기를 1단 뜨고, 모든 코를 밀어 바늘 반대편으로 옮긴다.

3. **2**를 약 20cm가 될 때까지 반복한다.

뒤꿈치에 달기

1. 양말 겉면을 보면서 뒤꿈치에서 1코를 줍는다. 주운 1코와 아이코드 4코를 밀어 바늘 반대편으로 이동, 겉뜨기 3, 남은 2코를 한꺼번에 꼬아뜨기한다. [총 4코]

2. **1**을 뒤꿈치 코만큼 반복한다.

아이코드 두 번째

1. 이어서 겉뜨기를 1단 뜨고, 바늘 반대편으로 옮긴다. [총 4코]

2. **1**을 약 20cm가 될 때까지 반복한다.

3. 돗바늘로 정리한다.

아기 리본 덧신

발가락

| A실로 뜹니다. |

(숏로우 발가락)

코잡기

- 코바늘로 만든 사슬에서 코를 주워 시작합니다.

1. B실과 5호(3.0mm) 코바늘로 사슬 28코를 만들고, 마지막 사슬코 뒤에 남는 실을 묶어서 표시한다.

2. A실과 2.5mm 대바늘로 사슬 마지막 부분부터 사슬산에서 24코를 줍는다. [총 24코]

3. 안뜨기를 1단 뜨고, 편물을 뒤집는다.

숏로우 첫 번째

1. **겉면** DS 만들기, 단 끝까지 겉뜨기, 편물을 뒤집는다. [총 24코]

2. **안면** DS 만들기, DS 전까지 안뜨기, 편물을 뒤집는다.

3. **겉면** DS 만들기, DS 전까지 겉뜨기, 편물을 뒤집는다.

4. **2~3**을 6회 더 반복한다.

- 안면 왼쪽부터 DS 8코, 일반코 9코, DS 7코가 됩니다.

숏로우 두 번째

1. **안면** DS 만들기, DS 전까지 안뜨기, DS 안뜨기 2, 편물을 뒤집는다.

2. **겉면** DS 만들기, DS 전까지 겉뜨기, DS 겉뜨기 2, 편물을 뒤집는다.

3. **1~2**를 5회 더 반복한다

4. **안면** DS 만들기, DS 전까지 안뜨기, DS 안뜨기 2, 편물을 뒤집는다.

완성 크기

발둘레 : 약 15cm (2.5cm 여유)
발길이 : 측정한 발길이보다 1cm 작게 완성

실

산네스 간(Sandnes Gan)의 선데이(Sunday)
A실 - 1012번 1볼
B실 - 5023번 1볼

도구

2.5mm 대바늘, 5호(3.0mm) 코바늘, 마커, 자, 가위, 돗바늘

게이지

2.5mm 대바늘
10cm 메리야스 : 30코x46단

뜨는 순서

토업(toe up)
발가락 → 발 → 뒤꿈치 → 아이코드 리본

5. **겉면** 걸러뜨기, DS 전까지 겉뜨기, DS 겉뜨기 2를 한다.

마무리

사슬의 마지막 부분부터 24코를 주우며 사슬을 푼다.
[총 48코]

원형 메리야스뜨기

마커A 걸기, 원형으로 겉뜨기를 발가락 시작에서 쟀을 때, 완성하려는 양말 발길이보다 약 8cm 작을 때까지 뜬다. [총 48코]

- 양말 발길이 12cm 경우 : 약 4cm
  발길이 12cm - 8cm = 4cm

원형 → 평면

1. 마커A 제거, 겉뜨기 12, 안면이 보이게 편물을 뒤집는다.

2. **안면** 걸러뜨기, 단 끝까지 안뜨기(47코) 편물을 뒤집는다.

4단마다 2코 줄임

1. **겉면** 걸러뜨기, 오른코 모아뜨기, 단에 3코 남을 때까지 겉뜨기, 왼코 모아뜨기, 겉뜨기 1, 편물을 뒤집는다. [총 46코]

2. **안면** 걸러뜨기, 단 끝까지 안뜨기, 편물을 뒤집는다.

3. **겉면** 걸러뜨기, 단 끝까지 겉뜨기, 편물을 뒤집는다.

4. **안면** 걸러뜨기, 단 끝까지 안뜨기, 편물을 뒤집는다.

5. **1~4**를 2회 더 반복한다. [총 42코]

평면 메리야스뜨기

1. **겉면** 걸러뜨기, 단 끝까지 겉뜨기, 편물을 뒤집는다.

2. **안면** 걸러뜨기, 단 끝까지 안뜨기, 편물을 뒤집는다.

3. **1~2**를 발가락 시작에서 쟀을 때, 완성하려는 양말 발길이보다 약 3cm 작을 때까지 반복한다.

- 양말 발길이 12cm 경우 : 약 9cm
  발길이 12cm - 3cm = 9cm

4. **겉면** 걸러뜨기, 단 끝까지 겉뜨기, 편물을 뒤집는다.

뒤꿈치

숏로우 첫 번째

1. **안면** 걸러뜨기, 안뜨기 32(뒤꿈치에 9코 남음), 편물을 뒤집는다. [총 42코]

2. **겉면** DS 만들기, 겉뜨기 23(뒤꿈치에 9코 남음), 편물을 뒤집는다. [뒤꿈치 24코]

3. **안면** DS 만들기, DS 전까지 안뜨기, 편물을 뒤집는다.

4. **겉면** DS 만들기, DS 전까지 겉뜨기, 편물을 뒤집는다.

5. **3~4**를 6회 더 반복한다.

- 안면 왼쪽부터 DS 8코, 일반코 9코, DS 7코가 됩니다.

숏로우 두 번째

1. **안면** DS 만들기, DS 전까지 안뜨기, DS 안뜨기 2, 편물을 뒤집는다.

2. **겉면** DS 만들기, DS 전까지 겉뜨기, DS 겉뜨기 2, 편물을 뒤집는다.

3. **1~2**를 5회 더 반복한다.

4. **안면** DS 만들기, DS 전까지 안뜨기, DS 안뜨기 2, 단 끝까지 안뜨기, 편물을 뒤집는다.

5. **겉면** 걸러뜨기, DS 전까지 겉뜨기, DS 겉뜨기 2, 단 끝까지 겉뜨기, 편물을 뒤집는다.

6. **안면** 걸러뜨기, 단 끝까지 안뜨기, 편물을 뒤집는다. [총 42코]

마무리

느슨하게 덮어씌워 코막음한다.

아이코드 리본

| B실로 뜹니다. |

아이코드 리본 달기

아이코드 첫 번째

1. B실과 2.5mm 대바늘로 3코를 만들고, 코들을 밀어 바늘 반대편으로 옮긴다. [총 3코]

2. 겉뜨기를 1단 뜨고, 모든 코를 밀어 바늘 반대편으로 옮긴다.

3. **2**를 약 18cm가 될 때까지 반복한다.

뒤꿈치에 달기

1. 양말 겉면을 보면서 뒤꿈치에서 1코를 줍는다. 주운 1코와 아이코드 3코를 밀어 바늘 반대편으로 이동, 겉뜨기 2, 남은 2코를 한꺼번에 꼬아뜨기한다. [총 3코]

2. **1**을 뒤꿈치 코만큼 반복한다.

아이코드 두 번째

1. 이어서 겉뜨기를 1단 뜨고, 바늘 반대편으로 옮긴다. [총 3코]

2. **1**을 약 18cm가 될 때까지 반복한다.

3. 돗바늘로 정리한다.

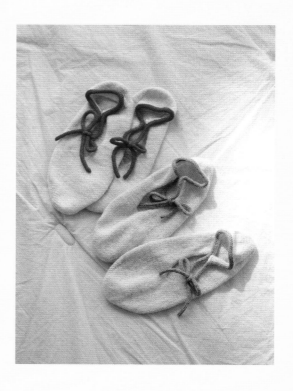

Windy socks

바람 들판 양말

바람이 부는 들판의 풍경을 담은 양말입니다.
리듬감 있게 흔들리는 들풀을 레이스 무늬로 묘사했어요.
면사가 포함된 실로 뜨면 사계절 신을 수 있답니다.

완성 크기

사이즈 : 1(2, 3)
발둘레 : 약 18(19, 20)cm (3cm 여유)
발길이 : 측정한 발길이보다 1~2cm 작게 완성
샘플 : 사이즈 2, 양말 발길이 23cm

실

니팅 포 올리브(Knitting for Oliv)의 메리노(Merino)
더스티 로즈(Dusty Rose) 1볼

도구

2.5mm 대바늘, 마커, 자, 가위, 돗바늘

게이지

2.5mm 대바늘
10cm 메리야스 : 30코×46단
레이스 무늬(9코×10단) : 약 2.5cm×3cm

뜨는 순서

커프 다운(cuff down)
발목 → 뒤꿈치 → 거싯 → 발 → 발가락

베리에이션 컬러 추천

◯ 크림(cream), ● 헤이즐(Hazel)

발목

코잡기

2.5mm 대바늘과 올드 노르웨이 코잡기 방식으로
60(64, 68)코를 만든다. [총 60(64, 68)코]

고무뜨기

사이즈 1(3)

1. 마커A 걸기, 원형으로 *겉뜨기 1, 안뜨기 2, 겉뜨기
   1*을 반복해 6(8)단 뜬다.

2. 겉뜨기를 1단 뜨고, 편물을 뒤집고 마커 A를
   제거한다.

사이즈 2

1. 마커A 걸기, 원형으로 *겉뜨기 2, 안뜨기 2*를 반복해
   7단 뜬다.

2. 겉뜨기를 1단 뜨고, 편물을 뒤집고 마커A를 제거한다.

뒤꿈치

위치 잡기

안면 걸러뜨기, 안뜨기 23(25, 27), 편물을 뒤집는다.
[뒤꿈치 24(26, 28)코]

힐플랩

1. **겉면** *걸러뜨기, 겉뜨기 1*을 뒤꿈치 끝까지 반복,
   편물을 뒤집는다.

2. **안면** 걸러뜨기, 뒤꿈치 끝까지 안뜨기, 편물을
   뒤집는다.

3. **겉면** 걸러뜨기, *걸러뜨기, 겉뜨기 1*을 뒤꿈치 끝에
   1코 남을 때까지 반복, 겉뜨기 1, 편물을 뒤집는다.

4. **안면** 걸러뜨기, 뒤꿈치 끝까지 안뜨기, 편물을
   뒤집는다.

5. **3~4**를 6(7, 8)회 더 반복한다.

힐턴

1. **겉면** 걸러뜨기, 겉뜨기 14(16, 18), 오른코 모아뜨기,
   겉뜨기 1, 편물을 뒤집는다. [뒤꿈치 23(25, 27)코]

2. **안면** 걸러뜨기, 안뜨기 7(9, 11), 2코 모아안뜨기,
   안뜨기 1, 편물을 뒤집는다. [뒤꿈치 22(24, 26)코]

3. **겉면** 걸러뜨기, 벌어진 틈 앞에 1코 남을 때까지
   겉뜨기, 오른코 모아뜨기, 겉뜨기 1, 편물을
   뒤집는다. [뒤꿈치 21(23, 25)코]

4. **안면** 걸러뜨기, 벌어진 틈 앞에 1코 남을 때까지
   안뜨기, 2코 모아안뜨기, 안뜨기 1, 편물을 뒤집는다.
   [뒤꿈치 20(22, 24)코]

5. **3~4**를 2회 더 반복한다. [뒤꿈치 16(18, 20)코]

6. **겉면** 걸러뜨기, 단 끝까지 겉뜨기한다.

거싯

코줍기

코줍기 16(18, 20), 마커A 걸기, 겉뜨기 36(38, 40),
마커B 걸기, 코줍기 16(18, 20), 마커A까지 겉뜨기한다.
[총 84(92, 100)코, 뒤꿈치 48(54, 60)코]

2단마다 2코 줄임

1. 겉뜨기 0 (1, 2), 기호 도안 홀수단 뜨기, 겉뜨기 0 (1,
   2), 마커B, 오른코 모아뜨기, 단에 2코 남을 때까지
   겉뜨기, 왼코 모아뜨기를 한다. [뒤꿈치 46(52,
   58)코]

2. 겉뜨기 0 (1, 2), 기호 도안 짝수단 뜨기, 겉뜨기 0 (1,
   2), 마커B, 단 끝까지 겉뜨기한다.

3. **1~2**를 11(13, 15)회 더 반복한다. [뒤꿈치 24(26,
   28)코]

기호 도안

	9	8	7	6	5	4	3	2	1	
		＼		○						10
			＼		○					9
				＼		○				8
					＼		○			7
						＼		○		6
				○		／				5
				○		／				4
			○		／					3
		○		／						2
	○		／							1

- □ 겉뜨기
- ○ 바늘비우기
- ＼ 오른코 모아뜨기
- ／ 왼코 모아뜨기

발

1. 겉뜨기 0 (1, 2), 거싯에 이어서 기호 도안 무늬뜨기, 겉뜨기 0 (1, 2), 마커B, 단 끝까지 겉뜨기한다.

2. **1**을 뒤꿈치 시작에서 쟀을 때, 완성하려는 양말 발길이보다 약 4.5(5, 5.5)cm 작을 때까지 반복한다. 이때 기호 도안 5단 또는 10단에서 끝나도록 한다.

- 샘플의 경우 : 약 18cm
  발길이 23cm - (사이즈 2) 5cm = 18cm

발가락

겉뜨기를 2(3, 4)단 뜨는데, 마지막 단에서 마커B를 제거한다.

마커 위치 조정

마커A 제거, 겉뜨기 3, 마커A 걸기, 겉뜨기 30(32, 34), 마커B 걸기, 단 끝까지 겉뜨기한다. [총 60(64,68)코]

2단마다 4코 줄임

1. **줄이는 단** 오른코 모아뜨기, 마커B 앞에 2코 남을 때까지 겉뜨기, 왼코 모아뜨기, 마커B, 오른코 모아뜨기, 단에 2코 남을 때까지 겉뜨기, 왼코 모아뜨기를 한다. [총 56(60, 64)코]

2. 겉뜨기를 1단 뜬다.

3. **1~2**를 5회 더 반복한다. [총 36(40, 44)코]

매단 4코 줄임

줄이는 단을 4(5, 6)회 반복한다. [총 20(20, 20)코]

마무리

메리야스 잇기를 한다.

Ivy socks

담쟁이 양말

나무를 오르는 담쟁이가 떠오르는 디자인입니다.
하늘하늘한 잎의 느낌을 레이스 무늬로 표현했어요.
가볍게 신기 좋은 양말로 추천합니다.

완성 크기

사이즈 : 1(2, 3)
발둘레 : 약 17.5(20)cm (약 4.5cm 여유)
발길이 : 측정한 발길이보다 1~2cm 작게 완성
샘플 : 사이즈 1, 양말 발길이 23cm

실

니팅 포 올리브(Knitting for Oliv)의 메리노(Merino)
크림(Cream) 2볼

도구

2.5mm 대바늘, 마커, 자, 가위, 돗바늘

게이지

2.5mm 대바늘
10cm 메리야스 : 30코×46단
무늬(7코×4단) : 약 2×1cm

뜨는 순서

토업(toe up)
발가락 → 발 → 거싯 → 뒤꿈치 → 다리 → 커프

베리에이션 컬러 추천

◻ 발레리나(Ballerina),
⬤ 더스티 아티초크(Dusty Artichoke)

발가락

코잡기

1. 2.5mm 대바늘과 주디스 매직코 방식으로 각 바늘에 10코씩 총 20코 만든다. [총 20(20)코]

2. 마커A 걸기, 원형으로 겉뜨기 10, 마커B 걸기, 단 끝까지 겉뜨기한다.

발등, 발바닥 늘리기

1. 겉뜨기 1, 오른코 늘리기, 마커B 앞에 1코 남을 때까지 겉뜨기, 왼코 늘리기, 겉뜨기 1, 마커B, 겉뜨기 1, 오른코 늘리기, 단에 1코 남을 때까지 겉뜨기, 왼코 늘리기, 겉뜨기 1을 한다. [총 24(24)코]

2. 1을 3회 더 반복한다. [총 36(36)코]

3. 겉뜨기를 1단 뜬다.

4. 1, 3을 총 5(6)회 더 반복한다. [총 56(60)코]

사이즈 2만 발바닥 늘리기

마커B까지 겉뜨기, 마커B, 겉뜨기 1, 오른코 늘리기, 단에 1코 남을 때까지 겉뜨기, 왼코 늘리기, 겉뜨기 1을 한다. [총 62코]

메리야스 뜨기

겉뜨기 9(10)단을 뜬다.

발

무늬뜨기

1. 겉뜨기 0(1), 기호 도안 1~4단 뜨기, 겉뜨기 0(1), 마커B, 단 끝까지 겉뜨기한다. [총 56(62)코]

2. 1을 발가락 시작에서 쟀을 때 완성하려는 양말 발길이보다 9(10)cm 작을 때까지 반복한다. 이때 기호 도안 4단에서 끝나도록 한다.

· 샘플의 경우 : 약 14cm
  발길이 23cm - (사이즈 1) 9cm = 14cm

기호 도안

		•		•			4
		•		•			3
		•		•			2
	•	○	人	○	•		1

7 6 5 4 3 2 1

- ☐ 겉뜨기
- ● 안뜨기
- ○ 바늘비우기
- 人 중심 3코 모아뜨기

거싯

2단마다 2코 늘림

1. 겉뜨기 0(1), 기호 도안 홀수단 뜨기, 겉뜨기 0(1), 마커B, 오른코 늘리기, 단 끝까지 겉뜨기, 왼코 늘리기를 한다. [총 58(64)코, 발바닥 30(34)코]

2. 겉뜨기 0(1), 기호 도안 짝수단 뜨기, 겉뜨기 0(1), 마커B, 단 끝까지 겉뜨기한다.

3. 1~2를 14(16)회 더 반복한다. [총 86(96)코, 발바닥 58(66)코]

뒤꿈치

위치 잡기

겉뜨기 0(1), 기호 도안 3단 뜨기, 겉뜨기 0(1), 마커B, 겉뜨기 42(49) (뒤꿈치에 16(17)코 남음), 편물을 뒤집는다. [뒤꿈치 58(66)코]

힐턴 첫 번째

1. **안면** DS 만들기, 안뜨기 25(31) (뒤꿈치에 16(17)코 남음), 편물을 뒤집는다.

2. **겉면** DS 만들기, DS 전에 1코 남을 때까지 겉뜨기, 편물을 뒤집는다.

3. **안면** DS 만들기, DS 전에 1코 남을 때까지 안뜨기, 편물을 뒤집는다.

62

4. **2~3**을 3(4)회 더 반복한다.

- 겉면 왼쪽부터 일반코 16(17), *DS 1, 일반코 1*x 4(5), DS 1, 일반코 10(12), *DS 1, 일반코 1* x 3(4), DS 1, 일반코 16(17)이 됩니다.

힐턴 두 번째

1. **겉면** DS 만들기, DS 전까지 겉뜨기, *DS 겉뜨기 1, 겉뜨기 1*을 4(5)회 반복, DS 겉뜨기 1, 오른코 모아뜨기, 편물을 뒤집는다. [뒤꿈치 57(65)코]

2. **안면** 걸러뜨기, DS 전까지 안뜨기, *DS 안뜨기 1, 안뜨기 1*을 4(5)회 반복, DS 안뜨기 1, 2코 모아안뜨기, 편물을 뒤집는다. [뒤꿈치 56(64)코]

힐플랩

1. **겉면** *걸러뜨기, 겉뜨기 1*을 벌어진 틈 전에 2코 남을 때까지 반복, 걸러뜨기, 오른코 모아뜨기, 편물을 뒤집는다. [뒤꿈치 55(63)코]

2. **안면** 걸러뜨기, 벌어진 틈 전에 1코 남을 때까지 안뜨기, 2코 모아안뜨기, 편물을 뒤집는다. [뒤꿈치 54(62)코]

3. 1~2를 12(13)회 더 반복한다. [뒤꿈치 30(36)코]

4. **겉면** *걸러뜨기, 겉뜨기 1*을 벌어진 틈 전에 2코 남을 때까지 반복, 걸러뜨기, 오른코 모아뜨기를 한다. [뒤꿈치 29(35)코]

사이즈 1

기호 도안 4단 뜨기, 마커B 제거, 왼코 모아뜨기, 단 끝까지 겉뜨기한다. [총 56코, 뒤꿈치 28코]

사이즈 2

겉뜨기 1, 기호 도안 4단 뜨기, 겉뜨기 1, 마커B 제거, 왼코 모아뜨기, 겉뜨기 15, 왼코 모아뜨기, 단 끝까지 겉뜨기한다. [총 63코, 뒤꿈치 33코]

다리

사이즈 2만 마커 위치 조정

마커 A 제거, 겉뜨기 1, 마커 A를 건다. 이제 여기가 시작점이 된다. [총 63코]

무늬뜨기

기호 도안 1~4단을 뒤꿈치 끝에서 쟀을 때 약 15(16)cm가 될 때까지 반복한다. 이때 기호 도안 4단에서 끝나도록 한다. [총 56(63)코]

커프

고무뜨기

*(겉뜨기 1, 안뜨기 1)을 3회 반복, 겉뜨기 1*을 10(12)단 반복한다. [총 56(63)코]

마무리

제니스 코막음을 한다.

Lace socks

레이스 양말

어릴 때 신은 레이스가 달린 양말을 추억하며 만들었습니다.
기본 양말에 레이스를 달아 포인트를 줬어요.
레이스 없이 뜨면 무난한 발목 양말로 신을 수도 있습니다.

완성 크기

사이즈 : 1(2, 3)
발둘레 : 17(18, 19)cm (3.5cm 여유)
발길이 : 측정한 발길이보다 1~2cm 작게 완성
샘플 : 사이즈 2, 양말 발길이 23cm

실

니팅 포 올리브(Knitting for Olive)의 메리노(Merino)
A실 - 크림(Cream) 1볼
B실 - 유니콘 퍼플(Unicorn Purple) 1볼

도구

2.5mm 대바늘, 3.0mm 대바늘, 5호(3.0mm) 코바늘,
마커, 자, 가위, 돗바늘

게이지

2.5mm 대바늘
10cm 메리야스 : 32코×46단
10cm 4×1 고무뜨기 : 37코×46단

뜨는 순서

커프 다운(cuff down)
레이스 → 발목 → 뒤꿈치 → 거싯 → 발 → 발가락

베리에이션 컬러 추천

B실 - ● 펄그레이(Pearl gray), ● 포피 블루(Poppy blue)

레이스

| A실로 뜹니다. |

코잡기

- 코바늘로 만든 사슬에서 코를 주워 시작합니다.

1. B실과 5호(3.0mm) 코바늘로 사슬 64(68, 72)를 만들고, 마지막 사슬코 뒤에 남는 실을 묶어서 표시한다.

2. A실과 2.5mm 대바늘로 사슬의 시작 부분부터 사슬산에서 60(64, 68)코를 줍는다.
   [총 60(64, 68)코]

3. 마커A를 걸고, 원형으로 겉뜨기를 1단 뜬다.

레이스 무늬 뜨기

사이즈에 맞는 레이스 무늬를 단 끝까지 반복한다.

기호 도안

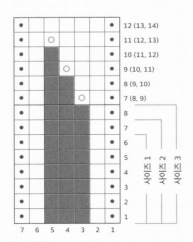

- ☐ 겉뜨기
- ⊙ 안뜨기
- ◎ 바늘비우기
- ■ 코 없음

마무리

3.0mm 대바늘로 겉뜨기코는 겉뜨기, 안뜨기코는 안뜨기를 뜨고 덮어씌워 코막음한다.

발목

| B실로 뜹니다. |

코잡기

2.5mm 대바늘로 60(64, 68)코를 만든다.
[총 60(64, 68)코]

고무뜨기

마커A를 걸고, 원형으로 *안뜨기 1, 꼬아뜨기 1*을 6(7, 8)단 반복한다.

레이스 연결

레이스를 발목에 연결하는 방법

1. 영상을 참고해서 사슬의 마지막 부분부터 레이스를 1코씩 바늘에 옮기며 사슬은 1코씩 푼다. 옮긴 레이스코와 발목 코를 모아뜨기한다.

2. 겉뜨기를 1단 뜨고, 안면이 보이게 편물을 뒤집고 마커A를 제거한다.

뒤꿈치

위치 잡기

안면 걸러뜨기, 안뜨기 29(31, 33), 편물을 뒤집는다.
[뒤꿈치 30(32, 34)코]

힐플랩

1. **겉면** *걸러뜨기, 겉뜨기 1*을 뒤꿈치 끝까지 반복, 편물을 뒤집는다.

2. **안면** 걸러뜨기, 뒤꿈치 끝까지 안뜨기, 편물을 뒤집는다.

3. **겉면** 걸러뜨기, *걸러뜨기, 겉뜨기 1*을 1코 남을 때까지 반복, 겉뜨기 1, 편물을 뒤집는다.

4. **안면** 걸러뜨기, 뒤꿈치 끝까지 안뜨기, 편물을 뒤집는다.

5. **1~4**를 5(6, 7)회 더 반복한다.

힐턴

1. **겉면** 걸러뜨기, 겉뜨기 18(20, 22), 오른코 모아뜨기, 겉뜨기 1, 편물을 뒤집는다. [뒤꿈치 29(31, 33)코]

2. **안면** 걸러뜨기, 안뜨기 9(11, 13), 2코 모아안뜨기, 안뜨기 1, 편물을 뒤집는다. [뒤꿈치 28(30, 32)코]

3. **겉면** 걸러뜨기, 벌어진 틈 앞에 1코 남을 때까지 겉뜨기, 오른코 모아뜨기, 겉뜨기 1, 편물을 뒤집는다. [뒤꿈치 27(29, 31)코]

4. **안면** 걸러뜨기, 벌어진 틈 앞에 1코 남을 때까지 겉뜨기, 2코 모아안뜨기, 안뜨기 1, 편물을 뒤집는다. [뒤꿈치 26(28, 30)코]

5. **3~4**를 3회 더 반복한다. [뒤꿈치 20(22, 24)코]

6. **겉면** 걸러뜨기, 뒤꿈치 끝까지 겉뜨기한다.

거싯

코줍기

코줍기 14(16, 18), 마커A 걸기, 겉뜨기 2(3, 4), *안뜨기 1, 겉뜨기 4*를 5회 반복, 안뜨기 1, 겉뜨기 2(3, 4), 마커B 걸기, 코줍기 14(16, 18), 마커A까지 겉뜨기한다. [총 78(86, 94)코, 뒤꿈치 48(54, 60)코]

2단마다 2코 줄임

1. 겉뜨기 2(3, 4), *안뜨기 1, 겉뜨기 4*를 5회 반복, 안뜨기 1, 겉뜨기 2(3, 4), 마커B, 오른코 모아뜨기, 단에 2코 남을 때까지 겉뜨기, 왼코 모아뜨기를 한다. [뒤꿈치 46(52, 58)코]

2. 겉뜨기 2(3, 4), *안뜨기 1, 겉뜨기 4*를 5회 반복, 안뜨기 1, 겉뜨기 2(3, 4), 마커B, 단 끝까지

겉뜨기한다.

3. **1~2**를 8(10, 12)회 더 반복한다. [뒤꿈치 30(32, 34)코]

발

1. 겉뜨기 2(3, 4), *안뜨기 1, 겉뜨기 4*를 5회 반복, 안뜨기 1, 겉뜨기 2(3, 4), 마커B, 단 끝까지 겉뜨기한다. [총 60(64, 68)코]

2. **1**을 뒤꿈치 시작에서 쟀을 때 완성하려는 양말 발길이보다 4(4.5, 5)cm 작을 때까지 반복한다.

- 샘플의 경우 : 약 18.5cm
  발길이 23cm - (사이즈 2) 4.5cm = 18.5cm

발가락

메리야스뜨기

겉뜨기를 3(4, 5)단 뜬다. [전체 60(64, 68)]

2단마다 4코 줄임

1. **줄이는 단** 겉뜨기 1, 오른코 모아뜨기, 마커B 앞에 3코 남을 때까지 겉뜨기, 왼코 모아뜨기, 겉뜨기 1, 마커B, 겉뜨기 1, 오른코 모아뜨기, 단에 3코 남을 때까지 겉뜨기, 왼코 모아뜨기, 겉뜨기 1을 뜬다. [총 56(60, 64)코]

2. 겉뜨기를 1단 뜬다.

3. **1~2**를 5회 더 반복한다. [총 36(40, 44)코]

매단 4코 줄임

줄이는 단을 5회 반복한다. [총 16(20, 24)코]

마무리

메리야스 잇기를 한다.

아기 레이스 양말

완성 크기

발둘레 : 10cm (3.5cm 여유)
발길이 : 측정한 발길이보다 1~2cm 작게 완성

실

니팅 포 올리브(Knitting for Olive)의 메리노(Merino)
A실 - 크림(Cream) 1볼
B실 - 유니콘 퍼플(Unicorn Purple) 1볼

도구

2.5mm 대바늘, 3.0mm 대바늘, 5호(3.0mm) 코바늘,
마커, 자, 가위, 돗바늘

게이지

2.5mm 대바늘
10cm 메리야스 : 32코×46단
10cm 4×1 고무뜨기 : 37코×46단

뜨는 순서

커프 다운(cuff down)
레이스 → 발목 → 뒤꿈치 → 거싯 → 발 → 발가락

레이스

| A실로 뜹니다. |

코잡기

· 코바늘로 만든 사슬에서 코를 주워 시작합니다.

1. B실과 5호(3.0mm) 코바늘로 사슬 52코를 만들고,
   마지막 사슬코 뒤에 남는 실을 묶어서 표시한다.
2. A실과 2.5mm 대바늘로 사슬의 시작 부분부터
   사슬산에서 48코를 줍는다. [총 48코]
3. 마커A를 걸고, 원형으로 겉뜨기를 1단 뜬다.

레이스 무늬 뜨기

레이스 무늬를 단 끝까지 반복한다.

기호 도안

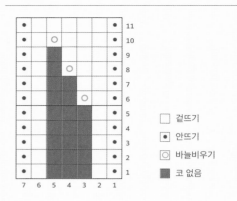

□ 겉뜨기
• 안뜨기
○ 바늘비우기
■ 코 없음

마무리

3.0mm 대바늘로 겉뜨기코는 겉뜨기, 안뜨기코는
안뜨기를 뜨고 덮어씌워 코막음한다.

발목

| B실로 뜹니다. |

코잡기

2.5mm 대바늘로 48코를 만든다. [총 48코]

고무뜨기

마커A 걸기, 원형으로 *안뜨기 1, 꼬아뜨기 1*을 5단
반복한다.

레이스 연결

레이스를 발목에 연결하는 방법

1. 사슬의 마지막 부분부터 레이스를 1코씩 바늘에
   옮기며 사슬은 1코씩 푼다. 옮긴 레이스코와 발목
   코를 모아뜨기한다.

2. 겉뜨기를 1단 뜨고, 편물을 뒤집고 마커A를 제거한다.

뒤꿈치

힐플랩

1. **안면** 걸러뜨기, 안뜨기 23, 편물을 뒤집는다. [뒤꿈치 24코]

2. **겉면** *걸러뜨기, 겉뜨기 1*을 뒤꿈치 끝까지 반복, 편물을 뒤집는다.

3. **안면** 걸러뜨기, 뒤꿈치 끝까지 안뜨기, 편물을 뒤집는다.

4. **2~3**을 6회 더 반복한다.

힐턴

1. **겉면** 걸러뜨기, 겉뜨기 14, 오른코 모아뜨기, 겉뜨기 1, 편물을 뒤집는다. [뒤꿈치 23코]

2. **안면** 걸러뜨기, 안뜨기 7, 2코 모아안뜨기, 안뜨기 1, 편물을 뒤집는다. [뒤꿈치 22코]

3. **겉면** 걸러뜨기, 벌어진 틈 앞에 1코 남을 때까지 겉뜨기, 오른코 모아뜨기, 겉뜨기 1, 편물을 뒤집는다. [뒤꿈치 21코]

4. **안면** 걸러뜨기, 벌어진 틈 앞에 1코 남을 때까지 겉뜨기, 2코 모아안뜨기, 안뜨기 1, 편물을 뒤집는다. [뒤꿈치 20코]

5. **3~4**를 2회 더 반복한다. [뒤꿈치 16코]

6. **겉면** 걸러뜨기, 뒤꿈치 끝까지 겉뜨기한다.

거싯

코줍기

코줍기 8, 마커A 걸기, *겉뜨기 1, 안뜨기 2, 겉뜨기 1*을 6회 반복, 마커B 걸기, 코줍기 8, 마커A까지 겉뜨기한다. [총 56코, 뒤꿈치 32코]

2단마다 2코 줄임

1. *겉뜨기 1, 안뜨기 2, 겉뜨기 1*을 마커B까지 반복, 마커B, 오른코 모아뜨기, 단에 2코 남을 때까지 겉뜨기, 왼코 모아뜨기를 한다. [뒤꿈치 30코]

2. *겉뜨기 1, 안뜨기 2, 겉뜨기 1*을 마커B까지 반복, 마커B, 단 끝까지 겉뜨기한다.

3. **1~2**를 3회 더 반복한다. [뒤꿈치 24코]

발

1. *겉뜨기 1, 안뜨기 2, 겉뜨기 1*을 마커B까지 반복, 마커B, 단 끝까지 겉뜨기한다. [총 48코]

2. **1**을 뒤꿈치 시작에서 쟀을 때 완성하려는 양말 발길이보다 3cm 작을 때까지 반복한다.

- 양말 발길이 12cm인 경우 : 약 9cm
  발길이 12cm - 3cm = 9cm

발가락

겉뜨기를 1단 뜬다. [총 48코]

2단마다 4코 줄임

1. **줄이는 단** 겉뜨기 1, 오른코 모아뜨기, 마커B 앞에 3코 남을 때까지 겉뜨기, 왼코 모아뜨기, 겉뜨기 1, 마커B, 겉뜨기 1, 오른코 모아뜨기, 단에 3코 남을 때까지 겉뜨기, 왼코 모아뜨기, 겉뜨기 1을 뜬다. [총 44코]

2. 겉뜨기를 1단 뜬다.

3. **1~2**를 4회 더 반복한다. [총 28코]

매단 4코 줄임

줄이는 단을 3회 반복한다. [총 16코]

마무리

메리야스 잇기를 한다.

Vintage socks

빈티지 상점 양말

우연히 들린 빈티지 옷 가게, 구석구석 살피다가 발견할 법한 양말이에요.
빈티지는 시간이 흘러도 변하지 않는 매력을 가지고 있지요.
어떤 옷에도 잘 어울리는 무늬를 담아 자꾸 손이 갈 거에요.

완성 크기

사이즈 : 1(2, 3)
발둘레 : 20(21.5, 23)cm (2.5cm 여유)
발길이 : 측정한 발길이보다 1~2cm 작게 완성
샘플 : 사이즈 2, 양말 발길이 23cm

실

레지아(Regia)의 메리노 야크(Merino Yak)
7504번 1볼

도구

2.5mm 대바늘, 꽈배기바늘, 마커, 자, 가위, 돗바늘

게이지

2.5mm 대바늘
10cm 메리야스 : 30코×44단
무늬(33코×16단) : 9cm×3.5cm

뜨는 순서

커프 다운(cuff down)
커프 → 다리 → 뒤꿈치 → 발 → 발가락

베리에이션 컬러 추천

● 7511번, ● 7507번

커프

코잡기

2.5mm 대바늘과 올드 노르웨이 코잡기 방식으로 67(71, 75)코를 만든다. [총 67(71, 75)코]

고무뜨기

사이즈 1

1. 마커A 걸기, 원형으로 *안뜨기 1, 겉뜨기 2*를 5회 반복, 안뜨기 1, 겉뜨기 1, *안뜨기 1, 겉뜨기 2*를 5회 반복, 안뜨기 1, 마커B 걸기, *겉뜨기 2, 안뜨기 2, 겉뜨기 2, 안뜨기 1*을 4회 반복, 겉뜨기 2, 안뜨기 2, 겉뜨기 2를 한다. [총 67코, 33코 / 34코]
2. 1을 7단 더 반복한다.

사이즈 2

1. 마커A 걸기, 원형으로 겉뜨기 1, *안뜨기 1, 겉뜨기 2*를 5회 반복, 안뜨기 1, 겉뜨기 1, *안뜨기 1, 겉뜨기 2*를 5회 반복, 안뜨기 1, 겉뜨기 1, 마커B 걸기, *안뜨기 1, 겉뜨기 2, 안뜨기 2, 겉뜨기 2*를 5회 반복, 안뜨기 1을 한다. [총 71코, 37코 / 38코]
2. 1을 9단 더 반복한다.

사이즈 3

1. 마커A 걸기, 원형으로 겉뜨기 1, *안뜨기 1, 겉뜨기 2*를 5회 반복, 안뜨기 1, 겉뜨기 3, *안뜨기 1, 겉뜨기 2*를 5회 반복, 안뜨기 1, 겉뜨기 1, 마커B 걸기, 겉뜨기 1, *안뜨기 1, 겉뜨기 2, 안뜨기 2, 겉뜨기 2*를 5회 반복, 안뜨기 1, 겉뜨기 1을 한다. [총 75코, 36코 / 38코]
2. 1을 11단 더 반복한다.

다리

무늬뜨기

사이즈 1

1. 기호 도안 A의 홀수단 뜨기, 마커B, *겉뜨기 6, 안뜨기 1*을 4회 반복, 겉뜨기 6을 한다. [총 67코, 33코/34코]
2. 기호 도안 A의 짝수단 뜨기, 마커B, 단 끝까지 겉뜨기한다.
3. 1~2를 반복해서 기호 도안 A를 3회 뜬다.

사이즈 2

1. 겉뜨기 1, 기호 도안 A의 홀수단 뜨기, 겉뜨기 1, 마커B, *안뜨기 1, 겉뜨기 6*을 5회 반복, 안뜨기 1을 한다. [총 71코, 35코/36코]
2. 겉뜨기 1, 기호 도안 A의 짝수단 뜨기, 겉뜨기 1, 마커B, *안뜨기 1, 겉뜨기 6*을 5회 반복, 안뜨기 1을 한다.
3. 1~2를 반복해서 기호 도안 A를 3회 뜬다.

사이즈 3

1. 겉뜨기 1, 기호 도안 B의 홀수단 뜨기, 겉뜨기 1, 마커B, 겉뜨기 1, *안뜨기 1, 겉뜨기 6*을 5회 반복, 안뜨기 1, 겉뜨기 1을 한다. [총 75코, 37코/38코]
2. 겉뜨기 1, 기호 도안 B의 짝수단 뜨기, 겉뜨기 1, 마커B, 단에 남은 코를 모두 겉뜨기한다.
3. 1~2를 반복해서 기호 도안 B를 3회 뜬다.

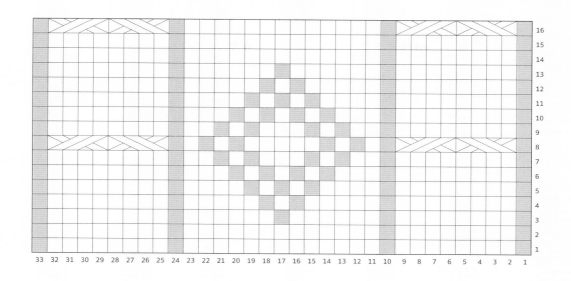

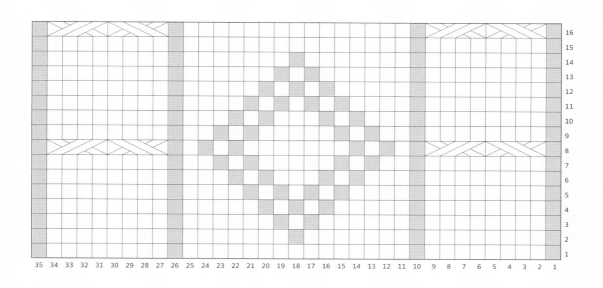

	겉뜨기		겉2앞/겉2
	안뜨기		겉2뒤/겉2

위치 잡기

겉뜨기 0(1, 1), 기호 도안 A(A, B)의 1단 뜨기, 겉뜨기
0(1, 1), 마커B, 단에 2(2, 1)코 남을 때까지 겉뜨기,
편물을 뒤집는다. [뒤꿈치 34(36, 38)코]

숏로우 첫 번째

1. **안면** DS 만들기, 마커B 전에 2(2, 1)코 남을 때까지
   안뜨기, 편물을 뒤집는다.

2. **겉면** DS 만들기, DS 전까지 겉뜨기, 편물을 뒤집는다.

3. **안면** DS 만들기, DS 전까지 안뜨기, 편물을 뒤집는다.

4. **2~3**을 8(9, 10)회 더 반복한다.

- 겉면 왼쪽부터 일반코 2(2, 1)코, DS 10(11, 12)코,
  일반코 11(11, 13)코, DS 9(10, 11)코, 일반코 2(2,
  1)코가 됩니다.

숏로우 두 번째

1. **겉면** DS 만들기, DS 전까지 겉뜨기, DS 겉뜨기 2,
   편물을 뒤집는다.

2. **안면** DS 만들기, DS 전까지 안뜨기, DS 안뜨기 2,
   편물을 뒤집는다.

3. **1~2**를 7(8, 9)회 더 반복한다.

4. **겉면** DS 만들기, DS 전까지 겉뜨기, DS 겉뜨기 2를
   한다.

5. 겉뜨기 0(1, 1), 기호 도안 A(A, B)의 2단 뜨기, 겉뜨기
   0(1, 1), 마커B, 겉뜨기 2(2, 1), DS 겉뜨기 2, 단
   끝까지 겉뜨기한다.

무늬뜨기

1. 겉뜨기 0(1, 1), 기호 도안 A(A, B)의 3~16단 뜨기,
   겉뜨기 0(1, 1), 마커B, 단 끝까지 겉뜨기한다.
   [총 67(71, 75)코]

2. 겉뜨기 0(1, 1), 기호 도안 A(A, B)의 1~16단 뜨기,
   겉뜨기 0(1, 1), 마커B, 단 끝까지 겉뜨기한다.

3. **2**를 발가락 시작에서 쟀을 때, 완성하려는 양말의
   발길이보다 약 4.5(5, 5.5)cm 작을 때까지 반복한다.
   이때 기호 도안 16단에서 끝나도록 한다.

- 샘플의 경우 : 약 18cm
  발길이 23cm - (사이즈 2) 5cm = 18cm

발바닥에서 1코 줄임

마커B까지 겉뜨기, 마커B, 겉뜨기 16(17, 18), 왼코
모아뜨기, 단 끝까지 겉뜨기한다. [총 66(70, 74)코,
발등과 발바닥 33(35, 37)코]

메리야스 뜨기

겉뜨기를 1(2, 3)단 뜬다.

2단마다 4코 줄임

1. **줄이는 단** 겉뜨기 1, 오른코 모아뜨기, 마커B 앞에
   3코 남을 때까지 겉뜨기, 왼코 모아뜨기, 겉뜨기 1,
   마커B, 겉뜨기 1, 오른코 모아뜨기, 단에 3코 남을
   때까지 겉뜨기, 왼코 모아뜨기, 겉뜨기 1을 뜬다.
   [총 62(66, 70)코]

2. 겉뜨기를 1단 뜬다.

3. **1~2**를 5(5, 6)회 더 반복한다. [총 42(46, 46)코]

매단 4코 줄임

줄이는 단을 5(6, 6)회 반복한다. [총 22(22, 22)코]

마무리

메리야스 잇기를 한다.

Sweet socks

설탕 꽈배기 양말

설탕을 가득 묻혀 만든 달콤한 꽈배기를 닮은 양말입니다.

발목, 발등, 심지어 뒤꿈치까지 꽈배기 무늬를 채워 넣었어요.

기본 스타일로 신으면 단정하게, 발목 부분을 느슨하게 내려 신으면 편안하게 연출할 수 있습니다.

완성 크기

사이즈 : 1(2)

발둘레 : 16.5(19.5)cm (약 4.5cm 여유)

발길이 : 측정한 발길이보다 1~2cm 작게 완성

샘플 : 사이즈 1, 양말 발길이 23cm

실

산네스 간(Sandnes Garn)의 선데이(Sunday)

1012번 2볼

도구

3.0mm 대바늘, 꽈배기바늘, 마커, 자, 가위, 돗바늘

게이지

3.0mm 대바늘

10cm 메리야스 : 27코×42단

무늬(10코x10단) : 약 2.3cm×2.2cm

뜨는 순서

커프 다운(cuff down)

다리 → 뒤꿈치 → 거싯 → 발 → 발가락

베리에이션 컬러 추천

◯ 2114번, ◯ 3021번

다리

코잡기

3.0mm 대바늘로 70(80)코를 만든다. [총 70(80)코]

무늬뜨기

1. 마커A 걸기, 원형으로 기호 도안 1~10단을 5(6)회 반복한다.
2. 기호 도안 1~9단을 뜬다.

기호 도안

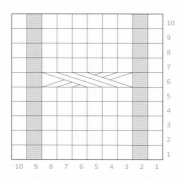

☐ 겉뜨기
▨ 안뜨기
▧▧▧ 겉3앞/겉3

뒤꿈치

위치 잡기

마커A 제거, 기호 도안 10단을 3(4)회 반복, 안면이 보이게 편물을 뒤집는다. [뒤꿈치 30(40)코]

힐플랩

1. **안면** 걸러뜨기, *겉뜨기 1, 안뜨기 6, 겉뜨기 1, 안뜨기 2*를 2(3)회 반복, 겉뜨기 1, 안뜨기 6, 겉뜨기 1, 안뜨기 1, 편물을 뒤집는다.
2. **겉면** 걸러뜨기, *안뜨기 1, 겉뜨기 6, 안뜨기 1, 겉뜨기 2*를 2(3)회 반복, 안뜨기 1, 겉뜨기 6, 안뜨기 1, 겉뜨기 1, 편물을 뒤집는다.
3. **1~2**를 1회 더 반복하고 **1**을 1회 더 반복한다.
4. **겉면** 걸러뜨기, *안뜨기 1, 겉3앞/겉3, 안뜨기 1, 겉뜨기 2*를 2(3)회 반복, 안뜨기 1, 겉3앞/겉3, 안뜨기 1, 겉뜨기 1, 편물을 뒤집는다.
5. **1~2**를 2회 더 반복한다.

사이즈 1

1. '힐플랩' **1~5**를 1회 더 반복한다.
2. '힐플랩' **1~2**를 1회 더 반복한다.
3. **안면** 걸러뜨기, 단 끝까지 안뜨기, 편물을 뒤집는다.

사이즈 2

1. '힐플랩' **1~5**를 2회 더 반복한다.
2. **안면** 걸러뜨기, 단 끝까지 안뜨기, 편물을 뒤집는다.

힐턴

1. **겉면** 걸러뜨기, 겉뜨기 18(24), 오른코 모아뜨기, 겉뜨기 1, 편물을 뒤집는다. [뒤꿈치 29(39)코]
2. **안면** 걸러뜨기, 안뜨기 9(11), 2코 모아안뜨기, 안뜨기 1, 편물을 뒤집는다. [뒤꿈치 28(38)코]
3. **겉면** 걸러뜨기, 벌어진 틈 전에 1코 남을 때까지 겉뜨기, 오른코 모아뜨기, 겉뜨기 1, 편물을 뒤집는다. [뒤꿈치 27(37)코]

4. **안면** 걸러뜨기, 벌어진 틈 전에 1코 남을 때까지
   겉뜨기, 2코 모아안뜨기, 안뜨기 1, 편물을 뒤집는다.
   [뒤꿈치 26(36)코]

5. **3~4**를 3(5)회 더 반복한다. [뒤꿈치 20(26)코]

6. **겉면** 걸러뜨기, 단 끝까지 겉뜨기한다.

코줍기

코줍기 12(15), 마커A 걸기, 기호 도안 10단을
4회 반복, 마커B 걸기, 코줍기 12(15), 마커A까지
겉뜨기한다. [총 84(96)코]

2단마다 2코 줄임

1. 기호 도안 홀수단 뜨기, 마커B, 오른코 모아뜨기,
   마커A 전에 2코 남을 때까지 겉뜨기, 왼코
   모아뜨기를 한다. [총 82(94)코]

2. 기호 도안 짝수단 뜨기, 마커B, 단 끝까지
   겉뜨기한다.

3. **1~2**를 11(13)회 반복한다. [총 60(68)코]

1. 거싯에 이어서 기호 도안 무늬뜨기, 마커B, 단 끝까지
   겉뜨기한다. [총 60(68)코]

2. **1**을 뒤꿈치 시작에서 쟀을 때 완성하려는 양말
   발길이보다 약 4(5)cm 작을 때까지 반복한다. 이때
   기호 도안 1단에서 끝나도록 한다.

- 샘플의 경우 : 약 19cm
  발길이 23cm - (사이즈 1) 4cm = 19cm

메리야스뜨기

겉뜨기를 2(3)단 뜨는데, 마지막 단에서 마커B를
제거한다. [총 60(68)코]

마커 위치 조정

마커A 제거, 겉뜨기 5(3), 마커A 걸기, 겉뜨기 30(34),
마커B 걸기, 단 끝까지 겉뜨기한다.
[총 60(68)코, 발등, 발바닥 각 30(34)코]

2단마다 4코 줄임

1. **줄이는 단** 겉뜨기 1, 오른코 모아뜨기, 마커B 전에
   3코 남을 때까지 겉뜨기, 왼코 모아뜨기, 겉뜨기 1,
   마커B, 겉뜨기 1, 오른코 모아뜨기, 3코 남을 때까지
   겉뜨기, 왼코 모아뜨기, 겉뜨기 1을 뜬다.
   [총 56(64)코]

2. 겉뜨기를 1단 뜬다.

3. **1~2**를 4회 더 반복한다. [총 40(48)코]

매단 4코 줄임

줄이는 단을 5(6)회 반복한다. [총 20(24)코]

마무리

메리야스 잇기를 한다.

Warmth socks

온기 양말

온기로 가득한 양말은 겨울의 한기로부터 발을 따뜻하게 지켜주지요.
봄날 햇살에 춤추는 아지랑이를 생각하며 디자인했습니다.
봄 느낌이 물씬 나는 실로 온기 가득한 양말을 떠 보세요.

완성 크기

사이즈 : 1(2)
발둘레 : 19(20)cm (약 3.5cm 여유)
발길이 : 측정한 발길이보다 1~2cm 작게 완성
샘플 : 사이즈 1, 양말 발길이 23cm

실

이사거(Isager)의 삭얀(SockYarn)
61번 2볼

도구

2.5mm 대바늘, 꽈배기바늘 2개, 마커, 자, 가위, 돗바늘

게이지

2.5mm 대바늘
10cm 메리야스 : 30코×44단
무늬(32코×16단) : 약 6cm×4cm

뜨는 순서

토업(toe up)
발가락 → 발 → 거싯 → 뒤꿈치 → 다리

베리에이션 컬러 추천

⬤ 46번, ◯ 59번

발가락

코잡기

1. 2.5mm 대바늘과 주디스 매직코 방식으로 각 바늘에 10코씩 총 20코 만든다. [총 20(20)코]

2. 마커A 걸기, 원형으로 겉뜨기 10, 마커B 걸기, 단 끝까지 겉뜨기한다.

발등, 발바닥 늘리기

1. 겉뜨기 1, 오른코 늘리기, 마커B 앞에 1코 남을 때까지 겉뜨기, 왼코 늘리기, 겉뜨기 1, 마커B, 겉뜨기 1, 오른코 늘리기, 단에 1코 남을 때까지 겉뜨기, 왼코 늘리기, 겉뜨기 1을 한다. [총 24(24)코]

2. 1을 3회 더 반복한다. [총 36(36)코]

3. 겉뜨기를 1단 뜬다.

4. 1, 3을 8(9)회 더 반복한다. [총 68(72)코]

발

무늬뜨기

1. 겉뜨기 1(2), 기호 도안 1~2단 뜨기, 겉뜨기 1(2), 마커B, 단 끝까지 겉뜨기한다. [총 68(72)코, 34(36)코/34(36)코]

2. 겉뜨기 1(2), 기호 도안 3~18단 뜨기, 겉뜨기 1(2), 마커B, 단 끝까지 겉뜨기한다.

3. 2를 발가락 시작에서 쟀을 때 완성하려는 양말 발길이보다 9(10)cm 작을 때까지 반복한다. 이때 짝수단에서 끝나도록 한다.

• 샘플의 경우 : 약 14cm
  발길이 23cm - (사이즈 1) 9cm = 14cm

기호 도안

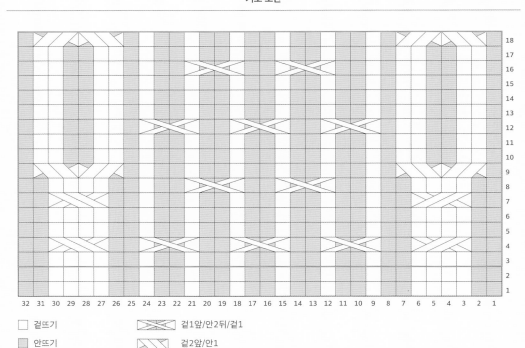

☐ 겉뜨기	겉1앞/안2뒤/겉1
▨ 안뜨기	겉2앞/안1
겉2앞/겉2	안1뒤/겉2
겉2뒤/겉2	☐ 반복

거싯

2단마다 2코 늘림

1. 겉뜨기 1(2), 기호 도안 홀수단 뜨기, 겉뜨기 1(2), 마커B, 오른코 늘리기, 단 끝까지 겉뜨기, 왼코 늘리기를 한다. [총 70(74)코, 뒤꿈치 36(38)코]

2. 겉뜨기 1(2), 기호 도안 짝수단 뜨기, 겉뜨기 1(2), 마커B, 단 끝까지 겉뜨기한다.

3. 1~2를 11(13)회 더 반복한다. [총 92(100)코, 뒤꿈치 58(64)코]

뒤꿈치

겉뜨기 1(2), 기호 도안 홀수단 뜨기, 겉뜨기 1(2), 마커B, 겉뜨기 44(49)(단에 14(15)코 남음), 편물을 뒤집는다. [뒤꿈치 58(64)코]

힐턴 첫 번째

1. **안면** DS 만들기, 안뜨기 29(33)(단에 14(15)코 남음), 편물을 뒤집는다.

2. **겉면** DS 만들기, DS 전에 1코 남을 때까지 겉뜨기, 편물을 뒤집는다.

3. **안면** DS 만들기, DS 전에 1코 남을 때까지 안뜨기, 편물을 뒤집는다.

4. 2~3을 3(4)회 더 반복한다.

• 겉면 왼쪽부터 일반코 14(15), *DS 1, 일반코 1* x 4(5), DS 1, 일반코 14(14), *DS 1, 일반코 1* x 3(4), DS 1, 일반코 14(15)가 됩니다.

힐턴 두 번째

1. **겉면** DS 만들기, DS 전까지 겉뜨기, *DS 겉뜨기 1, 겉뜨기 1*을 5회 반복, 오른코 모아뜨기, 편물을 뒤집는다. [뒤꿈치 57(63)코]

2. **안면** 걸러뜨기, DS 전까지 안뜨기, *DS 안뜨기 1, 안뜨기 1*을 5회 반복, 2코 모아안뜨기, 편물을 뒤집는다. [뒤꿈치 56(62)코]

힐플랩

1. **겉면** *걸러뜨기, 겉뜨기 1*을 벌어진 틈 전에 2코 남을 때까지 반복, 걸러뜨기, 오른코 모아뜨기, 편물을 뒤집는다. [뒤꿈치 55(61)코]

2. **안면** 걸러뜨기, 벌어진 틈 전에 1코 남을 때까지 안뜨기, 2코 모아안뜨기, 편물을 뒤집는다. [뒤꿈치 54(60)코]

3. 1~2를 9(11)회 더 반복한다. [뒤꿈치 36(38)코]

4. **겉면** *걸러뜨기, 겉뜨기 1*을 벌어진 틈 전에 2코 남을 때까지 반복, 걸러뜨기, 오른코 모아뜨기를 한다. [뒤꿈치 35(37)코]

평면 → 원형

겉뜨기 1(2), 기호 도안 짝수단 뜨기, 겉뜨기 1(2), 마커B, 왼코 모아뜨기, 단 끝까지 겉뜨기한다. [뒤꿈치 34(36)코]

다리

무늬뜨기

사이즈 1

1. 겉뜨기 1, 기호 도안 홀수단 뜨기, 겉뜨기 1, 마커B, *겉뜨기 4, 안뜨기 1*을 단에 4코 남을 때까지 반복, 겉뜨기 4를 한다. [총 68코]

2. 겉뜨기 1, 기호 도안 짝수단 뜨기, 겉뜨기 1, 마커B, 단 끝까지 겉뜨기한다.

3. 1~2를 뒤꿈치 시작에서 쟀을 때 약 15cm가 될 때까지 반복한다. 이때 기호 도안 14단에서 끝나도록 한다.

사이즈 2

1. 겉뜨기 2, 기호 도안 홀수단 뜨기, 겉뜨기 2, 마커B, 겉뜨기 5, *안뜨기 1, 겉뜨기 4*을 단에 6코 남을 때까지 반복, 안뜨기 1, 겉뜨기 5를 한다. [총 72코]

2. 겉뜨기 2, 기호 도안 짝수단 뜨기, 겉뜨기 2, 마커B, 단 끝까지 겉뜨기한다.

3. 1~2를 뒤꿈치 시작에서 쟀을 때 약 15.5cm가 될 때까지 반복한다. 이때 기호 도안 14단에서 끝나도록 한다.

마무리

제니스 코막음을 한다.

Evergreen socks

침엽수 산책 양말

침엽수가 늘어선 숲과 꼬불꼬불한 오솔길을 떠올리며 만들었습니다.
꽈배기무늬 네 가지가 등장하지만 각각의 패턴만 익힌다면 어렵지 않아요!
숲을 산책할 때 느끼는 편안함을 이 양말에서도 느낄 수 있길 바랍니다.

완성 크기

사이즈 : 1(2)
발둘레 : 20(21)cm (2.5cm 여유)
발길이 : 측정한 발길이보다 1~2cm 작게 완성
샘플 : 사이즈 1, 양말 발길이 23cm

실

로사 포마르(Rosa Pomar)의 몬딤(Mondim)
300번 1볼

도구

2.5mm 대바늘, 3.0mm 대바늘, 꽈배기바늘, 마커, 자,
가위, 돗바늘

게이지

2.5mm 대바늘
10cm 메리야스 : 30코×44단
무늬(32코×18단) : 8.5cm×4cm

뜨는 순서

토업(toe up)
발가락 → 발 → 거싯 → 뒤꿈치 → 다리 → 커프

베리에이션 컬러 추천

● 112번, ● 309번

발가락

코잡기

1. 2.5mm 대바늘과 주디스 매직코 방식으로 각 바늘에 10(12)코씩 총 20(24)코 만든다. [총 20(24)코]

2. 마커A 걸기, 원형으로 겉뜨기 10(12), 마커B 걸기, 단 끝까지 겉뜨기한다.

발등, 발바닥 늘리기

1. 겉뜨기 1, 오른코 늘리기, 마커B 앞에 1코 남을 때까지 겉뜨기, 왼코 늘리기, 겉뜨기 1, 마커B, 겉뜨기 1, 오른코 늘리기, 단에 1코 남을 때까지 겉뜨기, 왼코 늘리기, 겉뜨기 1을 한다. [총 24(28)코]

2. 1을 3회 더 반복한다. [총 36(40)코]

3. 겉뜨기를 1단 뜬다.

4. 1, 3을 총 8회 더 반복한다. [총 68(72)코]

발

무늬뜨기

1. 겉뜨기 1(2), 기호 도안 A의 1단 뜨기, 겉뜨기 1(2), 마커B, 단 끝까지 겉뜨기한다. [총 68(72)코]

2. 겉뜨기 1(2), 기호 도안 A의 2~19단 뜨기, 겉뜨기 1(2), 마커B, 단 끝까지 겉뜨기한다.

3. 2를 발가락 시작에서 쟀을 때 완성하려는 양말 발길이보다 8(9)cm 작을 때까지 반복한다. 이때 짝수 단에서 끝나도록 한다.

- 샘플의경우 : 약 15cm
  발길이 23cm - (사이즈 1) 8cm = 15cm

거싯

2단마다 2코 늘림

1. 겉뜨기 1(2), 기호 도안 A의 홀수단 뜨기, 겉뜨기 1(2), 마커B, 오른코 늘리기, 단 끝까지 겉뜨기, 왼코

늘리기를 한다. [총 70(74)코, 뒤꿈치 36(38)코]

2. 겉뜨기 1(2), 기호 도안 A의 짝수단 뜨기, 겉뜨기 1(2), 마커B, 단 끝까지 겉뜨기한다.

3. 1~2를 12(14)회 더 반복한다. [총 94(102)코, 뒤꿈치 60(66)코]

뒤꿈치

위치 잡기

겉뜨기 1(2), 기호 도안 A의 홀수단 뜨기, 겉뜨기 1(2), 마커B, 겉뜨기 45(50)(뒤꿈치에 15(16)코 남음), 편물을 뒤집는다. [뒤꿈치 60(66)코]

힐턴 첫 번째

1. **안면** DS 만들기, 안뜨기 29(33)(뒤꿈치에 15(16)코 남음), 편물을 뒤집는다.

2. **겉면** DS 만들기, DS 전에 1코 남을 때까지 겉뜨기, 편물을 뒤집는다.

3. **안면** DS 만들기, DS 전에 1코 남을 때까지 안뜨기, 편물을 뒤집는다.

4. 2~3을 3(4)회 더 반복한다.

- 겉면 왼쪽부터 일반코 15(16), *DS 1, 일반코 1* x 4(5), DS 1, 일반코 14(14), *DS 1, 일반코 1* x 3(4), DS 1, 일반코 15(16)이 됩니다.

힐턴 두 번째

1. **겉면** DS 만들기, DS 전까지 겉뜨기, *DS 겉뜨기 1, 겉뜨기 1*을 5(6)회 반복, 오른코 모아뜨기, 편물을 뒤집는다. [뒤꿈치 59(65)코]

2. **안면** 걸러뜨기, DS 전까지 안뜨기, *DS 안뜨기 1, 안뜨기 1*을 5(6)회 반복, 2코 모아안뜨기, 편물을 뒤집는다. [뒤꿈치 58(64)코]

오른쪽과 왼쪽은 14~19코의 교차 방향만 다릅니다.

오른쪽

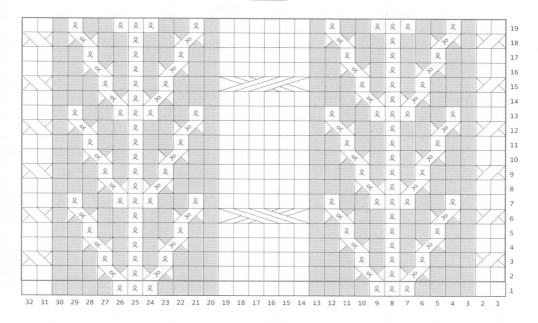

왼쪽

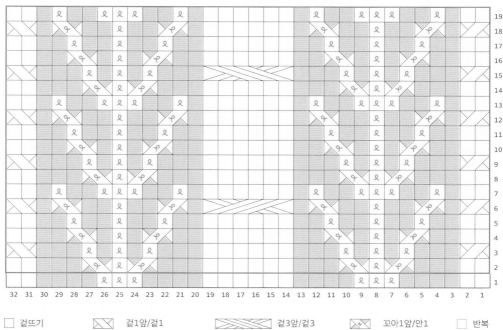

□ 겉뜨기	⧅ 겉1앞/겉1	⧄⧄ 겉3앞/겉3	⧅ 꼬아1앞/안1	□ 반복
▨ 안뜨기	⧄ 겉1뒤/겉1	⧅⧅ 겉3뒤/겉3	⧄ 안1뒤/꼬아1	
୧ 꼬아뜨기				

힐플랩

1. **겉면** *걸러뜨기, 겉뜨기 1*을 벌어진 틈 전에 2코 남을 때까지 반복, 걸러뜨기, 오른코 모아뜨기, 편물을 뒤집는다. [뒤꿈치 57(63)코]

2. **안면** 걸러뜨기, 벌어진 틈 전에 1코 남을 때까지 안뜨기, 2코 모아안뜨기, 편물을 뒤집는다. [뒤꿈치 56(62)코]

3. **1~2**를 10(12)회 더 반복한다. [뒤꿈치 36(38)코]

4. **겉면** *걸러뜨기, 겉뜨기 1*을 벌어진 틈 전에 2코 남을 때까지 반복, 걸러뜨기, 오른코 모아뜨기를 한다. [뒤꿈치 35(37)코]

평면 → 원형

겉뜨기 1(2), 기호 도안 A의 짝수단 뜨기, 겉뜨기 1(2), 마커B, 왼코 모아뜨기, 단 끝까지 겉뜨기한다. [총 68(72)코, 뒤꿈치 34(36)코]

다리

무늬뜨기

1. 겉뜨기 1(2), 기호 도안 A의 홀수단 뜨기, 겉뜨기 1(2), 마커B, 겉뜨기 4(5), *안뜨기 1, 겉뜨기 4*를 5회 반복, 안뜨기 1, 겉뜨기 4(5)를 한다. [총 68(72)코]

2. 겉뜨기 1(2), 기호 도안 A의 짝수단 뜨기, 겉뜨기 1(2), 마커B, 단 끝까지 겉뜨기한다.

3. **1~2**를 뒤꿈치 시작에서 쟀을 때 약 12(12.5)cm가 될 때까지 반복한다. 이때 기호 도안 6, 12, 18단 중 하나에서 끝나도록 하는데 6단의 경우, 14~19코 교차무늬는 생략한다.

커프

무늬뜨기

1. 겉뜨기 1(2), 기호 도안 B의 1~4단 뜨기, 겉뜨기 1(2), 마커B. 겉뜨기 4(5), *안뜨기 1, 겉뜨기 4*를 5회 반복, 안뜨기 1, 겉뜨기 4(5)를 한다.

2. 겉뜨기 1(2), 기호 도안 B의 2~4단 뜨기, 겉뜨기 1(2), 마커B, 겉뜨기 4(5), *안뜨기 1, 겉뜨기 4*를 5회 반복, 안뜨기 1, 겉뜨기 4(5)를 한다.

3. **2**를 3회 더 반복한다.

마무리

3.0mm 대바늘로 겉뜨기코와 꼬아뜨기코는 겉뜨기, 안뜨기코는 안뜨기로 뜨고, 느슨하게 덮어씌워 코막음한다.

32	31	30	29	28	27	26	25	24	23	22	21	20	19	18	17	16	15	14	13	12	11	10	9	8	7	6	5	4	3	2	1	
																																4
																																3
																																2
																																1

□ 겉뜨기

▨ 안뜨기

৪ 꼬아뜨기

⟋⟍ 겉1앞/겉1

⟋⟍ 겉1뒤/겉1

⟋⟍ 꼬아1앞/안1

⟋⟍ 안1뒤/꼬아1

□ 반복

95

Tender socks

말랑 양말

꽈배기에서 구슬까지 다양한 무늬를 조합해 만든 양말이에요.
발목에서 발가지 물 흐르듯이 이어지는 디테일이 매력적이랍니다.
무늬가 다소 어려워 보이지만 차근차근 뜨면 어느새 예쁘게 완성된 양말을 만날 수 있을 거예요.

완성 크기

사이즈 : 1(2)
발둘레 : 18(19)cm (3.5cm 여유)
발길이 : 측정한 발길이보다 1~2cm 작게 완성
샘플 : 사이즈 1, 양말 발길이 23cm

실

이사거(Isager)의 삭얀(SockYarn)
32번 2볼

도구

2.5mm 대바늘, 꽈배기바늘 2개, 마커, 자, 가위, 돗바늘

게이지

2.5mm 대바늘
10cm 메리야스 : 30코×44단
무늬 C(37코×18단) : 약 7cm×4cm

뜨는 순서

커프 다운(cuff down)
커프 → 다리 → 뒤꿈치 → 거싯 → 발 → 발가락

베리에이션 컬러 추천

◯ 0번, ● 44번

커프

코잡기

2.5mm 대바늘로 74(78)코를 만든다. [총 74(78)코]

고무뜨기

사이즈 1

1. 마커A 걸기, 원형으로 *겉뜨기 2, 안뜨기 2, 겉뜨기 2, 안뜨기 1*을 2회 반복, *겉뜨기 2, 안뜨기 2*를 2회 반복, 겉뜨기 2, 안뜨기 1, 겉뜨기 2, *안뜨기 2, 겉뜨기 2*를 2회 반복, *안뜨기 1, 겉뜨기 2, 안뜨기 2, 겉뜨기 2*를 2회 반복, 마커B 걸기, *안뜨기 1, 겉뜨기 2*를 단 끝에 1코 남을 때까지 반복, 안뜨기 1을 한다. [총 74코, 49코/25코]

2. 1을 11단 더 반복한다.

사이즈 2

1. 마커A 걸기, 원형으로 *겉뜨기 2, 안뜨기 2, 겉뜨기 2, 안뜨기 1*을 2회 반복, *겉뜨기 2, 안뜨기 2*를 2회 반복, 겉뜨기 2, 안뜨기 1, 겉뜨기 2, *안뜨기 2, 겉뜨기 2*를 2회 반복, *안뜨기 1, 겉뜨기 2, 안뜨기 2, 겉뜨기 2*를 2회 반복, 마커B 걸기, *안뜨기 1, 겉뜨기 2, 안뜨기 2, 겉뜨기 2*를 1코 남을 때까지 반복, 안뜨기 1을 한다. [총 78코, 49코/29코]

2. 1을 13단 더 반복한다.

다리

무늬뜨기 첫 번째

1. 기호 도안 A의 홀수단 뜨기, 마커B, 안뜨기 1, 단에 1코 남을 때까지 겉뜨기, 안뜨기 1을 한다. [총 74(78)코]

2. 기호 도안 A의 짝수단 뜨기, 마커B, *안뜨기 1, 겉뜨기 5(6)*을 단에 1코 남을 때까지 반복, 안뜨기 1을 한다.

3. 1~2를 반복해서 기호 도안 A를 1회 뜬다.

| □ | 겉뜨기 |
| 안뜨기 |
| 겉2앞/안1뒤/겉2 |
| 겉3앞/겉3 |
| 겉3뒤/겉3 |
| 겉2앞/안1 |
| 안1뒤/겉2 |

기호 도안 A

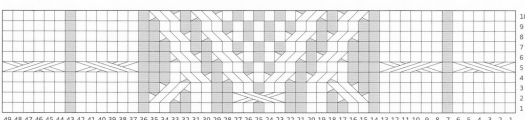

49 48 47 46 45 44 43 42 41 40 39 38 37 36 35 34 33 32 31 30 29 28 27 26 25 24 23 22 21 20 19 18 17 16 15 14 13 12 11 10 9 8 7 6 5 4 3 2 1

무늬뜨기 두 번째

1. 기호 도안 B의 홀수단 뜨기, 마커B, 안뜨기 1, 단에
   1코 남을 때까지 겉뜨기, 안뜨기 1을 한다.
   [총 74(78)코]

2. 기호 도안 B의 짝수단 뜨기, 마커B, *안뜨기 1,
   겉뜨기 5(6)*을 단에 1코 남을 때까지 반복, 안뜨기
   1을 한다.

3. 1~2를 반복해서 기호 도안 B를 2회 뜬다. 이때
   마지막 단에서 마커B를 제거한다.

□	겉뜨기
▨	안뜨기
♥	구슬뜨기
▧	겉2앞/안1뒤/겉2
▧	겉3앞/겉3
▧	겉3뒤/겉3
◺	겉2앞/안1
◹	안1뒤/겉2

기호 도안 B

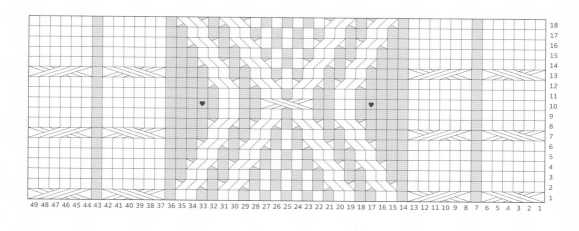

49 48 47 46 45 44 43 42 41 40 39 38 37 36 35 34 33 32 31 30 29 28 27 26 25 24 23 22 21 20 19 18 17 16 15 14 13 12 11 10 9 8 7 6 5 4 3 2 1

뒤꿈치

위치 잡기

마커A 제거, 겉뜨기 6, 안면이 보이게 편물을 뒤집는다.

힐플랩

1. **안면** 걸러뜨기, 안뜨기 36(40), 편물을 뒤집는다.
   [뒤꿈치 37(41)코]

2. **겉면** *걸러뜨기, 겉뜨기 1*을 뒤꿈치 끝에 1코 남을
   때까지 반복, 겉뜨기 1, 편물을 뒤집는다.

3. **안면** 걸러뜨기, 뒤꿈치 끝까지 안뜨기, 편물을
   뒤집는다.

4. **겉면** 걸러뜨기, *걸러뜨기, 겉뜨기 1*을 뒤꿈치
   끝까지 반복, 편물을 뒤집는다.

5. **안면** 걸러뜨기, 뒤꿈치 끝까지 안뜨기, 편물을
   뒤집는다.

6. 2~5을 7(8)회 더 반복한다.

힐턴

1. **겉면** 걸러뜨기, 겉뜨기 23(25), 오른코 모아뜨기,
   겉뜨기 1, 편물을 뒤집는다. [뒤꿈치 36(40)코]

2. **안면** 걸러뜨기, 안뜨기 12, 2코 모아안뜨기, 안뜨기
   1, 편물을 뒤집는다. [뒤꿈치 35(39)코]

3. **겉면** 걸러뜨기, 벌어진 틈 전에 1코 남을 때까지
   겉뜨기, 오른코 모아뜨기, 겉뜨기 1, 편물을
   뒤집는다. [뒤꿈치 34(38)코]

4. **안면** 걸러뜨기, 벌어진 틈 전에 1코 남을 때까지
   안뜨기, 2코 모아안뜨기, 안뜨기 1, 편물을 뒤집는다.
   [뒤꿈치 33(37)코]

5. **3~4**를 4(5)회 더 반복한다. [뒤꿈치 25(27)코]

6. **겉면** 걸러뜨기, 뒤꿈치 끝까지 겉뜨기한다.

거싯

코줍기

코줍기 18(20), 마커A 걸기, 기호 도안 C의 1단 뜨기,
마커B 걸기, 코줍기 18(20), 마커A까지 겉뜨기한다.
[총 98(104) 뒤꿈치 61(67)코]

2단마다 2코 줄임

1. 기호 도안 C의 짝수단 뜨기, 마커B, 오른코 모아뜨기,
   단에 2코 남을 때까지 겉뜨기, 왼코 모아뜨기를 한다.
   [뒤꿈치 59(65)코]

2. 기호 도안 C의 홀수단 뜨기, 마커B, 단 끝까지
   겉뜨기한다.

3. **1~2**를 13(14)회 더 반복한다. [뒤꿈치 33(37)코]

기호 도안 C

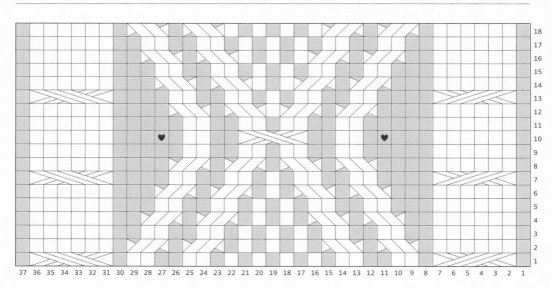

□ 겉뜨기	겉2앞/안1뒤/겉2	겉2앞/안1
안뜨기	겉3앞/겉3	안1뒤/겉2
♥ 구슬뜨기	겉3뒤/겉3	

발

무늬뜨기

1. 거싯에 이어서 기호 도안 C의 무늬뜨기, 마커B, 단 끝까지 겉뜨기한다. [총 70(74)코]

2. **1**을 뒤꿈치 시작에서 쟀을 때, 완성하려는 양말 발길이보다 약 5(5.5)cm 작을 때까지 반복한다. 이때 1단(마지막 교차무늬 생략) 또는 11단(마지막 구슬뜨기 생략)에서 끝나도록 한다.

• 샘플의 경우 : 약 18cm
  발길이 23cm – (사이즈 1) 5cm = 18cm

발가락

메리야스뜨기

겉뜨기를 1(3)단 뜬다. [총 70(74)코]

사이즈 1만 마커 위치 조정

1. 마커B까지 겉뜨기, 마커B 제거, 단 끝까지 겉뜨기한다. [총 70(74)코]

2. 마커A 제거, 겉뜨기 1, 마커A 걸기, 겉뜨기 35, 마커B 걸기, 단 끝까지 겉뜨기한다. [발등, 발바닥 35코]

2단마다 4코 줄임

1. **줄이는 단** 오른코 모아뜨기, 마커B 전에 2코 남을 때까지 겉뜨기, 왼코 모아뜨기, 마커B, 오른코 모아뜨기, 단에 2코 남을 때까지 겉뜨기, 왼코 모아뜨기를 한다. [총 66(70)코]

2. 겉뜨기를 1단 뜬다.

3. **1~2**를 5(6)회 더 반복한다. [총 46(46)코]

매단 4코 줄임

줄이는 단을 6회 반복한다. [총 22(22)코]

마무리

메리야스 잇기를 한다.

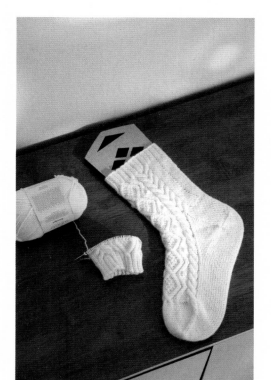

배색 양말

Multi-colored Socks

마름모 양말 / 그림 덧신 / 물방울 양말 / 하운드투스 양말

러브홀릭 양말 / 사각사각 체크 양말 / 블루밍 양말 / 비밀정원 양말 / 작은 발 양말

Diamond
socks

마름모 양말

마름모 모양이 반복되는 귀여운 배색 양말입니다.
배색이 초보인 분들이 연습하기 좋은 쉬운 무늬로 이루어져 있어요.
몬딤의 독특한 염색실로 뜨면 색다른 느낌의 양말을 만들 수 있어요.

완성 크기

사이즈 : 1(2, 3)
발둘레 : 20.5(21.5, 23)cm (3.5cm 여유)
발길이 : 측정한 발길이보다 1~2cm 작게 완성
샘플 : 사이즈 2, 양말 발길이 23cm

실

로사 포마르(Rosa Pomar)의 몬딤(Mondim)
A실 - 100번 1볼
B실 - 114번 1볼

도구

3.0mm 대바늘, 마커, 자, 가위, 돗바늘

게이지

3.0mm 바늘
10cm 메리야스 : 32코×38단
10cm 배색 : 29코×31단

뜨는 순서

커프 다운(cuff down)
커프 → 다리 → 뒤꿈치 → 거싯 → 발 → 발가락

베리에이션 컬러 추천

B실 - ⬤ 106번, 🌀 201번

커프

| A실로 뜹니다. |

코잡기

3.0mm 대바늘로 60(64, 68)코를 만든다.
[총 60(64, 68)코]

고무뜨기

마커A 걸기, 원형으로 *안뜨기 2, 겉뜨기 2*를 반복해서
10(12, 14)단을 뜬다.

다리

배색뜨기

1. 배색 도안 1~4단을 7(7, 8)회 반복한다.
   [총 60(64, 68)코]
2. 배색 도안 1~3단을 뜨는데, 3단의 마지막 코는
   B실로 뜨고, 편물을 뒤집고 마커A를 제거한다.

배색 도안

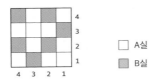

뒤꿈치

| B실로 뜹니다. |

위치 잡기

안면 걸러뜨기, 안뜨기 27(31, 31), 편물을 뒤집는다.
[뒤꿈치 28(32, 32)코]

힐플랩

1. **겉면** *걸러뜨기, 겉뜨기 1*을 뒤꿈치 끝까지 반복,
   편물을 뒤집는다.
2. **안면** 걸러뜨기, 뒤꿈치 끝까지 안뜨기, 편물을
   뒤집는다.
3. **1~2**를 11(13, 15)회 더 반복한다.

힐턴

1. **겉면** 걸러뜨기, 겉뜨기 16(20, 20), 오른코 모아뜨기,
   겉뜨기 1, 편물을 뒤집는다. [뒤꿈치 27(31, 31)코]
2. **안면** 걸러뜨기, 안뜨기 7(11, 11), 2코 모아안뜨기,
   안뜨기 1, 편물을 뒤집는다. [뒤꿈치 26(30, 30)코]
3. **겉면** 걸러뜨기, 벌어진 틈 전에 1코 남을 때까지
   겉뜨기, 오른코 모아뜨기, 겉뜨기 1, 편물을
   뒤집는다. [뒤꿈치 25(29, 29)코]
4. **안면** 걸러뜨기, 벌어진 틈 전에 1코 남을 때까지
   안뜨기, 2코 모아안뜨기, 안뜨기 1, 편물을 뒤집는다.
   [뒤꿈치 24(28, 28)코]
5. **3~4**를 3회 더 반복한다. [뒤꿈치 18(22, 22)코]
6. **겉면** 걸러뜨기, 뒤꿈치 끝까지 겉뜨기한다.

거싯

코줍기

실 감으며 코줍기

B실로 코줍기 14(16, 18), 마커A 걸기, 배색 도안 4단 뜨기, 마커B 걸기, (A실을 감으면서) 코줍기 14(16, 18), *B실 겉뜨기 1, A실 겉뜨기 1*을 마커A까지 반복한다. [총 78(86, 94)코, 뒤꿈치 46(54, 58)코]

2단마다 2코 줄임

1. 배색 도안 1단 뜨기, 마커B, B실 오른코 모아뜨기, *A실 겉뜨기 1, B실 겉뜨기 1*을 단에 2코 남을 때까지 반복, A실 왼코 모아뜨기를 한다. [뒤꿈치 44(52, 56)코]
2. 배색 도안 2단 뜨기, 마커B, *A실 겉뜨기 1, B실 겉뜨기 1*을 단 끝까지 반복한다.
3. 배색 도안 3단 뜨기, 마커B, A실 오른코 모아뜨기, *B실 겉뜨기 1, A실 겉뜨기 1*을 단에 2코 남을 때까지 반복, B실 왼코 모아뜨기를 한다. [뒤꿈치 42(50, 54)코]
4. 배색 도안 4단 뜨기, 마커B, *B실 겉뜨기 1, A실 겉뜨기 1*을 단 끝까지 반복한다.
5. 1~4를 3(4, 5)회 더 반복한다. [뒤꿈치 30(34, 34)코]
6. 1~2를 1회 더 뜬다. [뒤꿈치 28(32, 32)코]

발

1. 배색 도안 홀수단 뜨기, 마커B, *A실 겉뜨기 1, B실 겉뜨기 1*을 단 끝까지 반복한다. [총 60(64, 68)코]
2. 배색 도안 짝수단 뜨기, 마커B, *B실 겉뜨기 1, A실 겉뜨기 1*을 단 끝까지 반복한다.
3. 1~2를 뒤꿈치 시작에서 쟀을 때, 완성하려는 양말 발길이보다 약 4(4.5, 5)cm 작을 때까지 반복한다. 이때 배색 도안의 1단 또는 3단에서 끝나도록 한다.

- 샘플의 경우 : 약 18.5cm
  발길이 23cm - (사이즈 2) 4.5cm = 18.5cm

발가락

| B실로 뜹니다. |

겉뜨기를 2(2, 3)단 뜬다. [총 60(64, 68)코]

2단마다 4코 줄임

1. **줄이는 단** 겉뜨기 1, 오른코 모아뜨기, 마커B 전에 3코 남을 때까지 겉뜨기, 왼코 모아뜨기, 겉뜨기 1, 마커B, 겉뜨기 1, 오른코 모아뜨기, 3코 남을 때까지 겉뜨기, 왼코 모아뜨기, 겉뜨기 1을 한다. [총 56(60, 64)코]
2. 겉뜨기를 1단 뜬다.
3. 1~2를 4(5, 5)회 더 반복한다. [총 40(40, 44)코]

매단 4코 줄임

줄이는 단을 5회 반복한다. [총 20(20, 24)코]

마무리

메리야스 잇기를 한다.

Painting socks

그림 덧신

예쁜 색상의 실로 그림을 그리듯이 배색해서 만드는 덧신이에요.
샘플과 같은 색상으로 떠도 좋고, 마음에 드는 색상을 조합해서 뜨면 또 다른 느낌으로 완성될 거에요.
면사가 섞인 실로 뜨면 가볍게 신기 좋은 덧신이 됩니다.

완성 크기

사이즈 : 1(2, 3)
발둘레 : 19(20, 21) (약 2.5cm 여유)
발길이 : 측정한 발길이보다 1cm 작게 완성
샘플 : 사이즈 2, 양말 발길이 23cm

실

kpc yarn의 글랜콜(Glencoul) 4ply
A실 - 컨페티 1볼
B실 - 아이보리 1볼
C실 - 패러킷 1볼
D실 - 어텀리프 1볼

도구

2.5mm 대바늘, 3.0mm 대바늘, 스티치 홀더, 마커, 자,
가위, 돗바늘

게이지

2.5mm 대바늘
10cm 메리야스 : 32코×46단
10cm 배색 : 30코×38단

뜨는 순서

토업(toe up)
발가락 → 발 → 뒤꿈치 → 마무리

베리에이션 컬러 추천

A실 - ● 럭키헤더
B실 - ○ 아이보리
C실 - ● 미스트
D실 - ● 망고

발가락

| A실로 뜹니다. |

코잡기

1. A실, 2.5mm 대바늘과 주디스 매직코 방식으로 각 바늘에 11코씩 22코를 만든다. [총 22(22, 22)코]
2. 마커A를 걸고, 원형으로 겉뜨기 11, 마커B 걸기, 단 끝까지 겉뜨기한다.

발등, 발바닥 늘리기

1. 겉뜨기 1, 오른코 늘리기, 마커B 앞에 1코 남을 때까지 겉뜨기, 왼코 늘리기, 겉뜨기 1, 마커B, 겉뜨기 1, 오른코 늘리기, 단에 1코 남을 때까지 겉뜨기, 왼코 늘리기, 겉뜨기 1을 한다.
   [총 26(26, 26)코]
2. 1을 3회 더 반복한다. [총 38(38, 38)코]
3. 겉뜨기를 1단 뜬다.
4. 1, 3을 4(5, 6)회 더 반복한다. [총 54(58, 62)코]

발등만 늘리기

1. 겉뜨기 1, 오른코 늘리기, 마커B 전에 1코 남을 때까지 겉뜨기, 왼코 늘리기, 겉뜨기 1, 마커B, 단 끝까지 겉뜨기한다. [총 56(60, 64)코]
2. 마커B까지 겉뜨기, 마커B 제거, 단 끝까지 겉뜨기한다.

배색뜨기

1. B실로 겉뜨기를 1단 뜬다. [총 56(60, 64)코]
2. 배색 도안 1~15단을 뜬다.

메리야스뜨기

B실로 겉뜨기를 3(4, 5)단 뜬다.

배색 도안

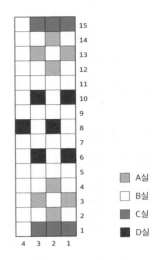

- A실
- B실
- C실
- D실

발등 모양 만들기

1. 겉뜨기 20(22, 24), 오른코 모아뜨기, 단 끝까지 겉뜨기한다. [총 55(59, 63)코]
2. 마커A 제거, 겉뜨기 7, 왼코 모아뜨기, 겉뜨기 1, 다음 9(11, 13)코를 스티치 홀더에 옮겨 쉼코로 두고, 편물을 뒤집는다. [총 45(47, 49)코]
3. **안면** 걸러뜨기, 쉼코를 제외하고 단 끝까지 안뜨기, 편물을 뒤집는다.
4. **겉면** 걸러뜨기, 오른코 모아뜨기, 단에 3코 남을 때까지 겉뜨기, 왼코 모아뜨기, 겉뜨기 1, 편물을 뒤집는다. [총 43(45, 47)코]
5. **3~4**를 5회 더 반복한다. [총 33(35, 37)코]

메리야스뜨기

1. **안면** 걸러뜨기, 단 끝까지 안뜨기, 편물을 뒤집는다. [총 33(35, 37)코]
2. **겉면** 걸러뜨기, 단 끝까지 겉뜨기, 편물을 뒤집는다.
3. **안면** 걸러뜨기, 단 끝까지 안뜨기, 편물을 뒤집는다.
4. **2~3**을 발가락 시작에서 쟀을 때 완성하려는 양말 발길이보다 4(4.5, 5)cm 작을 때까지 반복한다.

- 샘플의 경우 : 약 18.5cm
  발길이 23cm - (사이즈 2) 4.5cm = 18.5cm

112

뒤꿈치

| C실로 뜹니다. |

숏로우 첫 번째

1. **겉면** 겉뜨기 1단 뜨기, 편물을 뒤집는다. [총 33(35, 37)코]
2. **안면** DS 만들기, 단 끝까지 안뜨기, 편물을 뒤집는다.
3. **겉면** DS 만들기, DS 전까치 겉뜨기, 편물을 뒤집는다.
4. **안면** DS 만들기, DS 전까지 안뜨기, 편물을 뒤집는다.
5. **3~4**를 9(10, 11)회 더 반복한다.

- 겉면 왼쪽부터 DS 11(12, 13), 일반코 12(12, 12)코, DS 10(11, 12)코가 됩니다.

숏로우 두 번째

1. **겉면** DS 만들기, DS 전까지 겉뜨기, DS 겉뜨기 2, 편물을 뒤집는다.
2. **안면** DS 만들기, DS 전까지 안뜨기, DS 안뜨기 2, 편물을 뒤집는다.
3. **1~2**를 8(9, 10)회 더 반복한다.
4. **겉면** DS 만들기, DS 전까지 겉뜨기, DS 겉뜨기 2, 편물을 뒤집는다.
5. **안면** 걸러뜨기, DS 전까지 안뜨기, DS 안뜨기 2, 편물을 뒤집는다.

마무리

| D실로 뜹니다. |

코줍기

마커A 걸기, 뒤꿈치코 겉뜨기 33(35, 37), 쉼코가 나올 때까지 코줍기, 쉼코 겉뜨기 9(11, 13), 단 끝까지 코줍기를 한다.

- 발길이에 따라 코줍는 구간의 콧수가 다릅니다. 다만 두 코줍기 구간의 콧수는 동일해야 합니다.

고무뜨기

*겉뜨기 1, 안뜨기 1*을 6(7, 8)단 반복한다.

코막음

3.0mm 대바늘로 겉뜨기코는 겉뜨기, 안뜨기코는 안뜨기를 뜨고 덮어씌워 코막음한다.

아기 그림 덧신

완성 크기

발둘레 : 12.5cm (약 2.5cm 여유)
발길이 : 측정한 발길이보다 1cm 작게 완성
샘플 : 양말 발길이 12cm

실

kpc yarn의 글랜콜(Glencoul) 4ply
A실 - 컨페티 1볼
B실 - 아이보리 1볼
C실 - 패러킷 1볼
D실 - 어텀리프 1볼

바늘

2.5mm 대바늘, 3.0mm 대바늘, 스티치 홀더, 마커, 자,
가위, 돗바늘

게이지

2.5mm 대바늘
10cm 메리야스 : 32코×46단
10cm 배색 : 30코×38단

뜨는 순서

토업(toe up)
발가락 → 발 → 뒤꿈치 → 마무리

| A실로 뜹니다. |

코잡기

1. A실, 2.5mm 대바늘과 주디스 매직코로 각 바늘에
   9코씩 18코를 만든다. [총 18코]
2. 마커A를 걸고, 원형으로 겉뜨기 9, 마커B 걸기, 단
   끝까지 겉뜨기한다.

발등, 발바닥 늘리기

1. 겉뜨기 1, 오른코 늘리기, 마커B 전에 1코 남을
   때까지 겉뜨기, 왼코 늘리기, 겉뜨기 1, 마커B,
   겉뜨기 1, 오른코 늘리기, 1코 남을 때까지 겉뜨기,
   왼코 늘리기, 겉뜨기 1을 한다. [총 22코]
2. 1을 2회 더 반복한다. [총 30코]
3. 겉뜨기를 1단 뜬다.
4. 1, 3을 4회 더 반복한다. [총 46코]

발등만 늘리기

1. 겉뜨기 1, 오른코 늘리기, 마커B 전에 1코 남을
   때까지 겉뜨기, 왼코 늘리기, 겉뜨기 1, 마커B, 단
   끝까지 겉뜨기한다. [총 48코]
2. 마커B까지 겉뜨기, 마커B 제거, 단 끝까지
   겉뜨기한다.

배색뜨기

1. B실로 겉뜨기를 1단 뜬다. [총 48코]
2. 배색 도안 1~6단을 뜬다.

메리야스뜨기

B실로 겉뜨기를 2단 뜬다.

배색 도안

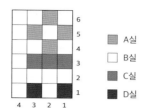

				6	
				5	
				4	
				3	
				2	
				1	

4 3 2 1

■ A실
□ B실
▨ C실
■ D실

발등 모양 만들기

1. 겉뜨기 17, 오른코 모아뜨기, 단 끝까지 겉뜨기한다.
   [총 47코]
2. 겉뜨기 6, 왼코 모아뜨기, 겉뜨기 1, 다음 7코를
   스티치 홀더에 옮겨 쉼코로 두고, 편물을 뒤집는다.
   [총 39코]
3. **안면** 걸러뜨기, 단 끝까지 안뜨기, 편물을 뒤집는다.
4. **겉면** 걸러뜨기, 오른코 모아뜨기, 단에 3코 남을
   때까지 겉뜨기, 왼코 모아뜨기, 겉뜨기 1, 편물을
   뒤집는다. [총 37코]
5. 3~4를 6회 더 반복한다. [총 25코]

메리야스뜨기

1. **안면** 걸러뜨기, 단 끝까지 안뜨기, 편물을 뒤집는다.
   [총 25코]
2. **겉면** 걸러뜨기, 단 끝까지 겉뜨기, 편물을 뒤집는다.
3. **안면** 걸러뜨기, 단 끝까지 안뜨기, 편물을 뒤집는다.
4. 2~3을 발가락 시작에서 쟀을 때 완성하려는 양말
   발길이보다 3cm 작을 때까지 반복한다.

- 양말 발길이 12cm 경우 : 약 9cm
  발길이 12cm - 3cm = 9cm

뒤꿈치
| C실로 뜹니다. |

숏로우 첫 번째

1. **겉면** 겉뜨기 1단 뜨기, 편물을 뒤집는다. [총 25코]

2. **안면** DS 만들기, 단 끝까지 안뜨기, 편물을
   뒤집는다.
3. **겉면** DS 만들기, DS 전까지 겉뜨기, 편물을
   뒤집는다.
4. **안면** DS 만들기, DS 전까지 안뜨기, 편물을
   뒤집는다.
5. 3~4를 6회 더 반복한다.

- 겉면 왼쪽부터 DS 8코, 일반코 10코, DS 7코가
  됩니다.

숏로우 두 번째

1. **겉면** DS 만들기, DS 전까지 겉뜨기, DS 겉뜨기 2,
   편물을 뒤집는다.
2. **안면** DS 만들기, DS 전까지 안뜨기, DS 안뜨기 2,
   편물을 뒤집는다.
3. 1~2를 5회 더 반복한다.
4. **겉면** DS 만들기, DS 전까지 겉뜨기, DS 겉뜨기 2,
   편물을 뒤집는다.
5. **안면** 걸러뜨기, DS 전까지 안뜨기, DS 안뜨기 2,
   편물을 뒤집는다.

마무리
| D실로 뜹니다. |

코줍기

마커A 걸기, 뒤꿈치코 겉뜨기 25, 쉼코가 나올 때까지
코줍기, 쉼코 겉뜨기 7, 단 끝까지 코줍기를 한다.

- 발길이에 따라 코줍는 구간의 콧수가 다릅니다. 다만
  두 코줍기 구간의 콧수는 동일해야 합니다.

고무뜨기

*겉뜨기 1, 안뜨기 1*을 4단 반복한다.

코막음

3.0mm 대바늘로 겉뜨기코는 겉뜨기, 안뜨기코는
안뜨기를 뜨고 덮어씌워 코막음한다.

Dots socks

물방울 양말

동글동글한 물방울무늬를 넣은 귀여운 양말이에요.
흔한 무늬지만 그만큼 멋진 결과물을 보장하지요.
쉬운 무늬를 반복해 만들 수 있는 배색 양말입니다.

완성 크기

사이즈 : 1(2)
발둘레 : 약 20(22)cm (약 2.5cm 여유)
발길이 : 측정한 발길이보다 1~2cm 작게 완성
샘플 : 사이즈 1, 양말 발길이 23cm

실

오팔(Opal)의 유니(Uni)
A실 - 3081번 1볼
B실 - 5182번 1볼

도구

2.5mm 대바늘, 5호(3.0mm) 코바늘, 마커, 자, 가위,
돗바늘

게이지

2.5mm 대바늘
10cm 메리야스 : 34코×44단
10cm 배색 : 32코×36단

뜨는 순서

토업(toe up)
발가락 → 발 → 뒤꿈치 → 다리 → 커프

베리에이션 컬러 추천

B실 - ● 5188번, ○ 5189번

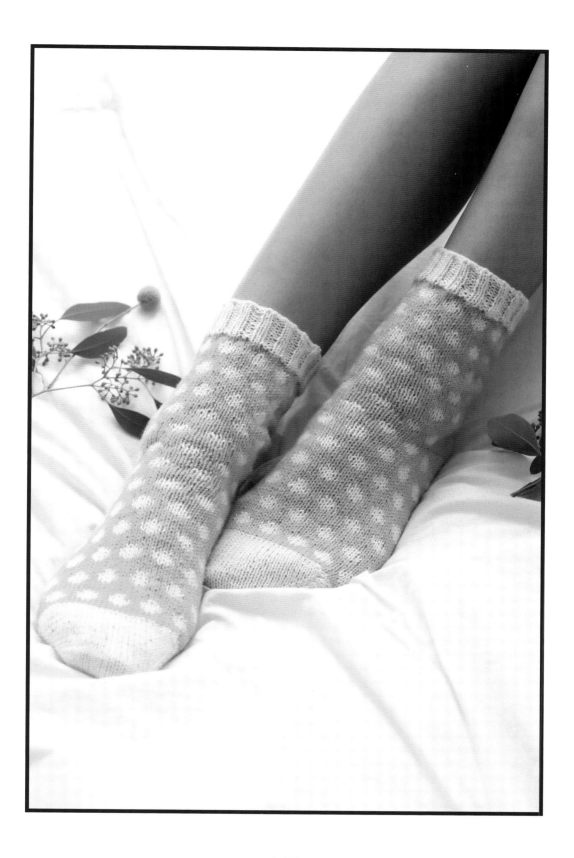

발가락

| A실로 뜹니다. |

숏로우 발가락

코잡기

• 코바늘로 만든 사슬에서 코를 주워 시작합니다.

1. B실과 5호(3.0mm) 코바늘로 사슬 37(40)코를 만들고, 마지막 사슬코 뒤에 남는 실을 묶어서 표시한다.
2. A실과 2.5mm 대바늘로 사슬 마지막 부분부터 사슬산에서 33(36)코를 줍는다. [총 33(36)코]
3. 안뜨기를 1단 뜨고, 편물을 뒤집는다.

숏로우 첫 번째

1. **겉면** DS 만들기, 단 끝까지 겉뜨기, 편물을 뒤집는다. [총 33(36)코]
2. **안면** DS 만들기, DS 전까지 안뜨기, 편물을 뒤집는다.
3. **겉면** DS 만들기, DS 전까지 겉뜨기, 편물을 뒤집는다.
4. 2~3을 9(10)회 더 반복한다.

• 안면 왼쪽부터 DS 11(12), 일반코 12(13), DS 10(11)이 됩니다.

숏로우 두 번째

1. **안면** DS 만들기, DS 전까지 안뜨기, DS 안뜨기 2, 편물을 뒤집는다.
2. **겉면** DS 만들기, DS 전까지 겉뜨기, DS 겉뜨기 2, 편물을 뒤집는다.
3. 1~2를 8(9)회 더 반복한다.
4. **안면** DS 만들기, DS 전까지 안뜨기, DS 안뜨기 2, 편물을 뒤집는다.
5. **겉면** 걸러뜨기, DS 전까지 겉뜨기, DS 겉뜨기 2, 편물을 뒤집는다.

마무리

사슬의 마지막 부분부터 33(36)코를 주우며 사슬을 푼다. [총 66(72)코]

메리야스 뜨기

마커A 걸기, 원형으로 겉뜨기 2(3)단을 뜬다.

발

원형 배색 참고

배색뜨기

배색 도안 1~14단을 발가락 시작에서 쟀을 때, 완성하려는 양말 발길이보다 약 4.5(5)cm 작을 때까지 반복한다. 이때 7단 또는 14단에서 끝나도록 한다. [총 66(72)코]

• 샘플의 경우 : 약 18cm
  발길이 23cm - (사이즈 2) 5cm = 18cm

배색 도안

1~7단은 1~6코를 11(12)회 반복합니다.
8~14단은 1~6코를 10(11)회 반복하고,
61(67)~66(72)코를 1회 뜹니다.

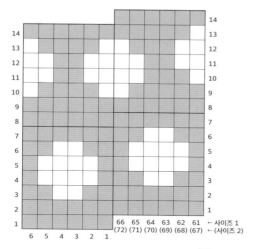

□ A실
■ B실

66 65 64 63 62 61 ← 사이즈 1
(72) (71) (70) (69) (68) (67) ← (사이즈 2)

뒤꿈치

| B실로 뜹니다. |

숏로우 첫 번째

1. **겉면** 겉뜨기 32(35), 편물을 뒤집는다. [뒤꿈치 33(36)코]
2. **안면** DS 만들기, 안뜨기 30(33), 편물을 뒤집는다.
3. **겉면** DS 만들기, DS 전까지 겉뜨기, 편물을 뒤집는다.
4. **안면** DS 만들기, DS 전까지 안뜨기, 편물을 뒤집는다.
5. **3~4**를 8(9)회 더 반복한다.

- 겉면 왼쪽부터 일반코 1, DS 9(10), 일반코 12(13), DS 10(11), 일반코 1이 됩니다.

숏로우 두 번째

1. **겉면** DS 만들기, DS 전까지 겉뜨기, DS 겉뜨기 2, 편물을 뒤집는다.
2. **안면** DS 만들기, DS 전까지 안뜨기, DS 안뜨기 2, 편물을 뒤집는다.
3. **1~2**를 7(8)회 더 반복한다.

---

4. **겉면** DS 만들기, DS 전까지 겉뜨기, DS 겉뜨기 2, 단 끝까지 겉뜨기한다.

평면 → 원형

겉뜨기 1, DS 겉뜨기 2, 단 끝까지 겉뜨기한다. 이때 뜨는 단이 9단일 경우, 마지막 코는 **A실**로 뜬다.

다리

배색뜨기

뒤꿈치에 이어서 배색 도안을 3회 더 반복한다. [총 66(72)코]

사이즈 1만 2코 줄임

사이즈 1

B실로 왼코 모아뜨기, 겉뜨기 31, 왼코 모아뜨기, 단 끝까지 겉뜨기한다. [총 64코]

사이즈 2

B실로 겉뜨기를 1단 뜬다. [총 72코]

커프

고무뜨기

1. **A실**로 겉뜨기 1단을 뜬다.
2. *안뜨기 1, 겉뜨기 2, 안뜨기 1*을 12(14)단 반복한다.

코막음

제니스 코막음을 한다.

Houndtooth socks

하운드투스 양말

하운드투스 체크로 만든 클래식한 느낌의 양말이에요.
뒤꿈치를 라운드힐 방식으로 떠서 클래식한 느낌을 한층 더했어요.
간단하지만 재미있는 무늬의 반복으로 끝까지 즐겁게 뜰 수 있답니다.

완성 크기

사이즈 : 1(2, 3)
발둘레 : 20(21, 22)cm (약 1.5cm 여유)
발길이 : 측정한 발길이보다 1~2cm 작게 완성
샘플 : 사이즈 2, 양말 발길이 23cm

실

랑(Lang)의 자올(Jawoll)
A실 - 95번 1볼
B실 - 94번 1볼

도구

2.0mm 대바늘, 마커, 자, 가위, 돗바늘

게이지

2.0mm 대바늘
10cm 메리야스 : 40코×52단
10cm 배색 : 38코×42단

뜨는 순서

커프 다운(cuff down)
커프 → 다리 → 뒤꿈치 → 거싯 → 발 → 발가락

베리에이션 컬러 추천

A실 - ● 4번, ● 318번
B실 - ○ 94번, ◌ 109번

커프

| A실로 뜹니다. |

코잡기

A실과 2.0mm 대바늘로 76(80, 84)코를 만든다.
[총 76(80, 84)코]

고무뜨기

1. 마커A 걸기, 원형으로 *겉뜨기 1, 안뜨기 2, 겉뜨기
   1*을 13(15, 17)단 반복한다.
2. 겉뜨기를 1단 뜬다.

다리

배색 도안 1~4단을 10(11, 12)회 반복, 편물을 뒤집고
마커A를 제거한다. [총 76(80, 84)코]

배색 도안

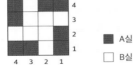

■ A실
□ B실

뒤꿈치

| A실로 뜹니다. |

위치 잡기

안면 걸러뜨기, 안뜨기 35(39, 39), 편물을 뒤집는다.
[뒤꿈치 36(40, 40)코]

힐플랩

1. **겉면** *걸러뜨기, 겉뜨기 1*을 뒤꿈치 끝까지 반복,
   편물을 뒤집는다.
2. **안면** 걸러뜨기, 단 끝까지 안뜨기, 편물을 뒤집는다.
3. **1~2**을 13(15, 17)회 더 반복한다.

힐턴

1. **겉면** 걸러뜨기, 겉뜨기 20(24, 24), 오른코 모아뜨기,
   겉뜨기 1, 편물을 뒤집는다. [뒤꿈치 35(39, 39)코]
2. **안면** 걸러뜨기, 안뜨기 7(11, 11), 2코 모아안뜨기,
   안뜨기 1, 편물을 뒤집는다. [뒤꿈치 34(38, 38)코]
3. **겉면** 걸러뜨기, 벌어진 틈 전에 1코 남을 때까지
   겉뜨기, 오른코 모아뜨기, 겉뜨기 1, 편물을
   뒤집는다. [뒤꿈치 33(37, 37)코]
4. **안면** 걸러뜨기, 벌어진 틈 전에 1코 남을 때까지
   안뜨기, 2코 모아안뜨기, 안뜨기 1, 편물을 뒤집는다.
   [뒤꿈치 32(36, 36)코]
5. **3~4**를 5회 더 반복한다. [뒤꿈치 22(26, 26)코]
6. **겉면** 걸러뜨기, 뒤꿈치 끝까지 겉뜨기한다.

거싯

코줍기

코줍기 15(17, 19), 마커A 걸기, 발등코를 모두 걸러뜨고
A실 자르기, 마커B 걸기, **A실**을 새로 연결해서 코줍기
15(17, 19), **A실** 마커A까지 겉뜨기한다. [총 92(100,
108)코, 뒤꿈치 52(60, 64)코]

2단마다 2코 줄임

사이즈 1

1. 배색 도안 1단을 마커B까지 반복, 마커B, A실 오른코 모아뜨기, A실 겉뜨기 2, 배색 도안 1단을 마커A 앞에 4코 남을 때까지 반복, A실 겉뜨기 1, B실 겉뜨기 1, A실 왼코 모아뜨기를 한다. [뒤꿈치 50(58, 62)코]
2. 배색 도안 2단을 마커B까지 반복, 마커B, A실 겉뜨기 1, B실 겉뜨기 2, 배색 도안 2단을 마커A 앞에 3코 남을 때까지 반복, A실 겉뜨기 1, B실 겉뜨기 1, A실 겉뜨기 1을 한다.
3. 배색 도안 3단을 마커B까지 반복, 마커B, A실 오른코 모아뜨기, A실 겉뜨기 1, 배색 도안 3단을 마커A 앞에 3코 남을 때까지 반복, B실 겉뜨기 1, A실 왼코 모아뜨기를 한다. [뒤꿈치 48(56, 60)코]
4. 배색 도안 4단을 마커B까지 반복, 마커B, A실 겉뜨기 2, 배색 도안 4단을 마커A 앞에 2코 남을 때까지 반복, A실 겉뜨기 2를 한다.
5. 배색 도안 1단을 마커B까지 반복, 마커B, A실 오른코 모아뜨기, 배색 도안 1단을 마커A 앞에 2코 남을 때까지 반복, A실 왼코 모아뜨기를 한다. [뒤꿈치 46(54, 58)코]
6. 배색 도안 2단을 마커B까지 반복, 마커B, A실 겉뜨기 1, 배색 도안 2단을 마커A 앞에 1코 남을 때까지 반복, A실 겉뜨기 1을 한다.
7. 배색 도안 3단을 마커B까지 반복, 마커B, A실 오른코 모아뜨기, B실 겉뜨기 2, A실 겉뜨기 1, 배색 도안 3단을 마커A 앞에 5코 남을 때까지 반복, B실 겉뜨기 3, A실 왼코 모아뜨기를 한다. [뒤꿈치 44(52, 56)코]
8. 배색 도안 4단을 단 끝까지 반복한다.
9. 1~8을 1회 더 뜬다. [뒤꿈치 36(44, 48)코]

사이즈 2

1~4를 1회 더 뜬다. [뒤꿈치 40코]

사이즈 3

1~8을 1회 더 뜬다. [뒤꿈치 40코]

발

배색 도안의 1~4단을 뒤꿈치 시작에서 쟀을 때 완성하려는 양말 발길이보다 약 4.5(5, 5.5)cm 작을 때까지 반복한다. 이때 배색 도안의 4단에서 끝나도록 하고, 마지막 단에서 마커B를 제거한다. [총 76(80, 84)코]

- 샘플의 경우 : 약 18cm
  발길이 23cm - (사이즈 2) 5cm = 18cm

발가락

| A실로 뜹니다. |

1. 겉뜨기를 1(2, 3)단 뜬다. [총 76(80, 84)코]
2. 겉뜨기 38(40, 42), 마커B 걸기, 단 끝까지 겉뜨기한다.

2단마다 4코 줄임

1. **줄이는 단** 겉뜨기 1, 오른코 모아뜨기, 마커B 앞에 3코 남을 때까지 겉뜨기, 왼코 모아뜨기, 겉뜨기 1, 마커B, 겉뜨기 1, 오른코 모아뜨기, 단에 3코 남을 때까지 겉뜨기, 왼코 모아뜨기, 겉뜨기 1을 한다. [총 72(76, 80)코]
2. 겉뜨기를 1단 뜬다.
3. 1~2를 6회 더 반복한다. [총 48(52, 56)코]

매단 4코 줄임

줄이는 단을 6(7, 7)회 반복한다. [총 24(24, 28)코]

마무리

메리야스 잇기를 한다.

Loveholic socks

러브홀릭 양말

발등에는 동글동글한 하트가, 발바닥에는 삐죽삐죽한 괄호가 있는 반전 매력의 양말이예요.
하트 사이사이에는 안뜨기로 볼록한 입체감을 더해 두근두근 사랑에 빠진 느낌을 살렸습니다.
두 가지 무늬의 조합이지만 어렵지 않게 뜰 수 있으니 꼭 만들어 보세요!

완성 크기

사이즈 : 1(2, 3)
발둘레 : 19(20, 21)cm (약 2.5cm 여유)
발길이 : 측정한 발길이보다 1~2cm 작게 완성
샘플 : 사이즈 2, 양말 발길이 23cm

실

다루마(Daruma)의 슈퍼워시 스패니쉬 메리노 포
삭(Superwash Spanish Merino For Sock)
A실 - 101번 1볼
B실 - 104번 1볼

도구

2.5mm 대바늘, 마커, 자, 가위, 돗바늘

게이지

2.5mm 대바늘
10cm 메리야스 : 36코×45단
10cm 발등 배색 : 34코×42단

뜨는 순서

토업(toe up) 방식
발가락 → 발 → 뒤꿈치 → 발목

베리에이션 컬러 추천

B실 - ● 103번

| A실로 뜹니다. |

코잡기

1. 2.5mm 대바늘과 주디스 매직코 방식으로 각 바늘에 11코씩 22코 만든다. [총 22(22, 22)코]
2. 마커A를 걸고, 원형으로 겉뜨기 11, 마커B 걸기, 단 끝까지 겉뜨기한다.

발등, 발바닥 늘리기

1. 겉뜨기 1, 오른코 늘리기, 마커B 앞에 1코 남을 때까지 겉뜨기, 왼코 늘리기, 겉뜨기 1, 마커B, 겉뜨기 1, 오른코 늘리기, 단에 1코 남을 때까지 겉뜨기, 왼코 늘리기, 겉뜨기 1을 한다. [총 26(26, 26)코]
2. 1을 2(3, 3)회 더 반복한다. [총 34(38, 38)코]
3. 겉뜨기를 1단 뜬다.
4. 1, 3을 총 7(7, 8)회 더 반복한다. [총 62(66, 70)코]

메리야스뜨기

겉뜨기를 2(3, 4)단 뜬다.

 발

- 발등 : 배색 도안 A의 발등 1~3단을 뜨고, 4~15단을 원하는 길이만큼 반복한 뒤 16~17단을 뜹니다.
- 발바닥 : 배색 도안 A의 발바닥 1~12단을 반복합니다.

배색 첫 번째

배색 도안 A의 발등 1~3단 뜨기, 마커B, 배색 도안 A의 발바닥을 뜬다. [총 62(66, 70)코]

배색 두 번째

1. 배색 도안 A의 발등 4~15단 뜨기, 마커B, 배색 도안 A의 발바닥 배색을 뜬다.
2. 1을 완성하려는 양말 발길이보다 약 4(4.5, 5)cm 작을 때까지 반복한다. 이때 배색 도안 A의 발등 5단 또는 11단에서 끝나도록 한다.

- 샘플의 경우 : 약 18.5cm
  발길이 23cm - (사이즈 2) 4.5cm = 18.5cm

배색 세 번째, 2단마다 2코 늘림

1. 배색 도안 A의 발등 6단 또는 12단 뜨기, 마커B, A실 오른코 늘리기, 배색 도안 A의 발바닥 뜨기, A실 왼코 늘리기를 한다. [총 64(68, 72)코, 뒤꿈치 33(35, 37)코]
2. 배색 도안 A의 발등 7단 또는 13단 뜨기, 마커B, A실 겉뜨기, 배색 도안 A의 발바닥 뜨기, A실 겉뜨기 1을 한다.
3. 배색 도안 A의 발등 8단 또는 14단 뜨기, 마커B, A실 오른코 늘리기, A실 겉뜨기 1, 배색 도안 A의 발바닥 뜨기, A실 겉뜨기 1, A실 왼코 늘리기를 한다. [뒤꿈치 35(37, 39)코]
4. 배색 도안 A의 발등 9단 또는 15단 뜨기, 마커B, A실 겉뜨기, 배색 도안 A의 발바닥 뜨기, A실 겉뜨기 2를 한다.

- 배색 도안 A의 발등 9단에서 끝나는 경우, 배색 도안 B를 뜹니다.

5. 배색 도안 A 또는 B의 발등 16단 뜨기, 마커B, A실 오른코 늘리기, A실 겉뜨기 2, 배색 도안 A의 발바닥 뜨기, A실 겉뜨기 2, A실 왼코 늘리기를 한다. [뒤꿈치 37(39, 41)코]
6. 배색 도안 A 또는 B의 발등 17단 뜨기, 마커B, A실 겉뜨기 3, 배색 도안 A의 발바닥 뜨기, A실 겉뜨기 3을 하고 B실을 자른다.

사이즈 1

발등

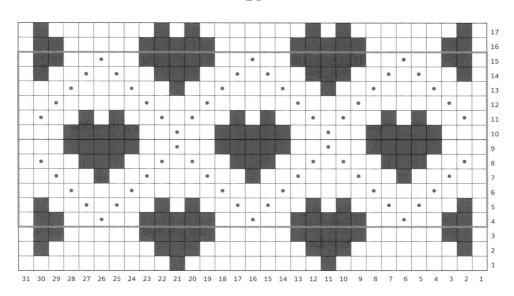

발바닥

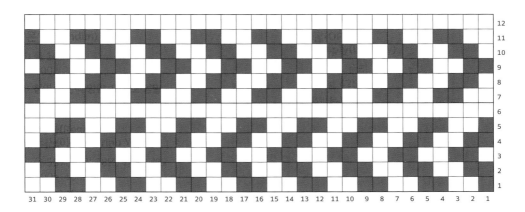

	A실
■	B실
●	안뜨기
	반복

발등

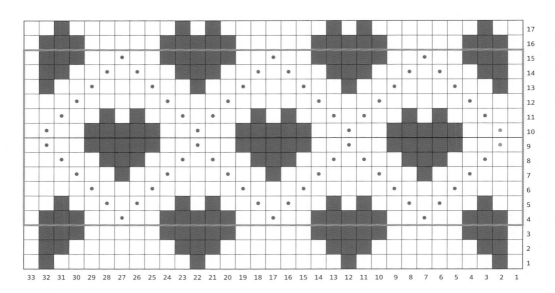

발바닥

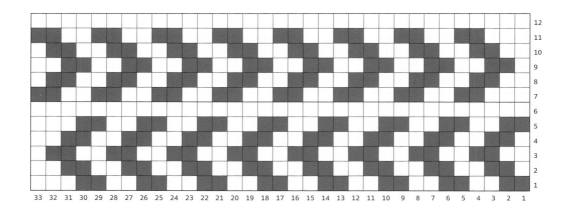

<사이즈 3>

발등

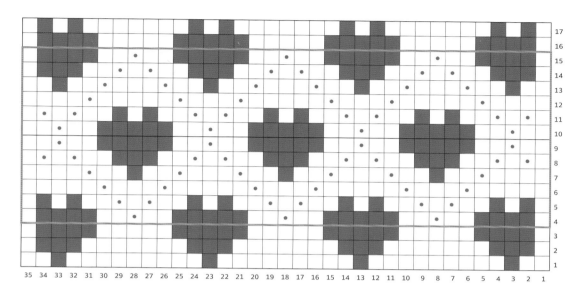

발바닥

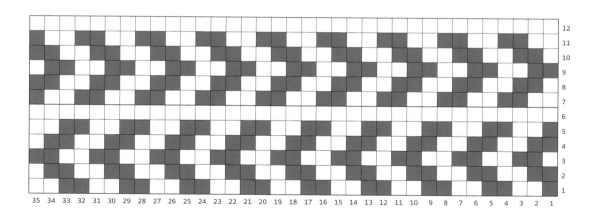

- □ A실
- ■ B실
- ⊙ 안뜨기
- □ 반복

131

배색 도안 A의 발등 9단에서 끝나는 경우

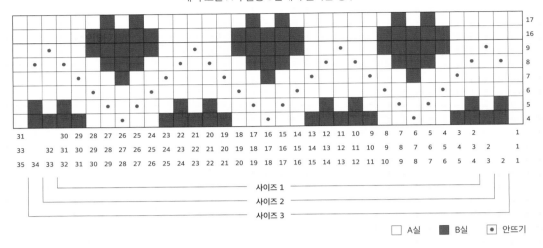

□ A실 ■ B실 ⊙ 안뜨기

뒤꿈치

| A실로 뜹니다. |

숏로우 첫 번째

1. A실로 단에 3(2, 1)코 남을 때까지 겉뜨기, 안면이 보이게 편물을 뒤집는다. [뒤꿈치 37(39, 41)코]
2. **안면** DS 만들기, 마커B 앞에 3(2, 1)코 남을 때까지 안뜨기, 편물을 뒤집는다.
3. **겉면** DS 만들기, DS 전까지 겉뜨기, 편물을 뒤집는다.
4. **안면** DS 만들기, DS 전까지 안뜨기, 편물을 뒤집는다.
5. 3~4를 9(10, 11)회 더 반복한다.

- 겉면 왼쪽부터 일반코 3(2, 1), DS 11(12, 13), 일반코 10(12, 14), DS 10(11, 12), 일반코 3(2, 1)가 됩니다.

숏로우 두 번째

1. **겉면** DS 만들기, DS 전까지 겉뜨기, DS 겉뜨기 2, 편물을 뒤집는다.
2. **안면** DS 만들기, DS 전까지 안뜨기, DS 안뜨기 2, 편물을 뒤집는다.
3. 1~2를 8(9, 10)회 더 반복한다.
4. **겉면** DS 만들기, DS 전까지 겉뜨기, DS 겉뜨기 2, 겉뜨기 3(2, 1)을 한다.

평면 → 원형

마커B까지 겉뜨기, 마커B, 겉뜨기 3(2, 1), DS 겉뜨기 2, 단 끝까지 겉뜨기한다.

뒤꿈치코 줄이기

1. 마커B까지 겉뜨기, 마커B, 겉뜨기 0(1, 2), *왼코 모아뜨기, 겉뜨기 5*를 3회 반복, *오른코 모아뜨기, 겉뜨기 5*를 2회 반복, 오른코 모아뜨기, 겉뜨기 0(1, 2)을 뜬다. [뒤꿈치 31(33, 35)코]
2. 마커B까지 겉뜨기, 마커B 제거, 단 끝까지 겉뜨기한다.

발목

고무뜨기

1. A실로 *안뜨기 1, 꼬아뜨기 1*을 4(6, 8)단 반복한다. [총 62(66, 70)코]
2. B실로 *안뜨기 1, 꼬아뜨기 1*을 1단 반복한다.

마무리

제니스 코막음을 한다.

Check socks

사각사각 체크 양말

평소 좋아하던 체크를 배색으로 넣은 양말입니다.
배색 양말은 색을 어떻게 조합하느냐에 따라서 전혀 다른 무드로 완성되기도 하지요.
좋아하는 색을 조합해 세상에 하나뿐인 나만의 체크 배색 양말을 만들어 보세요.

완성 크기

사이즈 : 1(2, 3)
발둘레 : 17.5(20.5, 23.5)cm (약 1.5cm 여유)
발길이 : 측정한 발길이보다 1~2cm 작게 완성
샘플 : 사이즈 2, 양말 발길이 23cm

실

kpc yarn의 글랜콜 4ply
A실 - 럭키헤더 1볼
B실 - 압생트 1볼
C실 - 아이보리 1볼
D실 - 스모키그레이프 1볼

도구

2.5mm 대바늘, 마커, 자, 가위, 돗바늘

게이지

2.5mm 대바늘
10cm 메리야스 : 32코x46단
10cm 배색뜨기 : 34코x34단

뜨는 순서

커프 다운(cuff down)
커프 → 다리 → 뒤꿈치 → 발 → 발가락

베리에이션 컬러 추천

A실 - ◉ 페어드롭
B실 - ◉ 아이스버그
C실 - ○ 아이보리
D실 - ◉ 비하이브

커프

| A실로 뜹니다. |

코잡기

2.5mm 대바늘로 60(70, 80)코를 만든다. [총 60(70, 80)코]

고무뜨기

마커A 걸기, 원형으로 *꼬아뜨기 1, 안뜨기 1*을 반복해 10(12, 14)단을 뜬다.

다리

배색 도안 1~5단을 6(7, 8)회 반복한다. [전체 60(70, 80)]

배색 도안

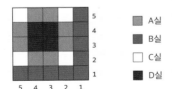

뒤꿈치

| B실로 뜹니다. |

숏로우 첫 번째

1. 겉뜨기 30(35, 39), 편물을 뒤집는다. [뒤꿈치 31(36, 41)코]
2. **안면** DS 만들기, 뒤꿈치에 1(1, 2)코 남을 때까지 안뜨기, 편물을 뒤집는다.
3. **겉면** DS 만들기, DS 전까지 겉뜨기, 편물을 뒤집는다.
4. **안면** DS 만들기, DS 전까지 안뜨기, 편물을 뒤집는다.
5. 3~4를 7(9, 10)회 더 반복한다.

- 겉면 왼쪽부터, 일반코 1(1, 2), DS 9(11, 12), 일반코 12(13, 14), DS 8(10, 11), 일반코 1(1, 2)이 됩니다.

숏로우 두 번째

1. **겉면** DS 만들기, DS 전까지 겉뜨기, DS 겉뜨기 2, 편물을 뒤집는다.
2. **안면** DS 만들기, DS 전까지 안뜨기, DS 안뜨기 2, 편물을 뒤집는다.
3. 1~2를 6(10, 11)회 더 반복한다.
4. **겉면** DS 만들기, DS 전까지 겉뜨기, DS 겉뜨기 2, 단 끝까지 겉뜨기한다.

평면 → 원형

겉뜨기 1(1, 2), DS 겉뜨기 2, 단 끝까지 겉뜨기한다.

##

배색뜨기

1. 배색 도안의 2~5단을 뜬다.
2. 배색 도안의 1~5단을 완성하려는 양말 발길이보다 약 4(4.5, 5)cm 작을 때까지 반복한다. 이때 배색 도안의 1단에서 끝나도록 한다. [전체 60(70, 80)]

- 샘플의 경우 : 18.5cm
  발길이 23cm - (사이즈 2) 4.5cm = 18.5cm

| A실로 뜹니다. |

겉뜨기를 1단 뜬다. [총 60(70, 80)]

발등과 발바닥으로 나눔

겉뜨기 31(36, 41), 마커B 걸기, 단 끝까지 겉뜨기한다.
[발등 29(34, 39)코, 발바닥 31(36, 41)코]

발바닥만 2코 줄임

1. 겉뜨기 1, 오른코 모아뜨기, 마커B 앞에 3코 남을
   때까지 겉뜨기, 왼코 모아뜨기, 겉뜨기 1, 마커B, 단
   끝까지 겉뜨기한다. [총 58(68, 78)코]
2. 겉뜨기를 1단 뜬다.

2단마다 4코 줄임

1. **줄이는 단** 겉뜨기 1, 오른코 모아뜨기, 마커B 앞에
   3코 남을 때까지 겉뜨기, 왼코 모아뜨기, 겉뜨기 1,
   마커B, 겉뜨기 1, 오른코 모아뜨기, 단에 3코 남을
   때까지 겉뜨기, 왼코 모아뜨기, 겉뜨기 1을 한다.
   [총 54(64, 74)코]
2. 겉뜨기를 1단 뜬다.
3. **1~2**를 3(4, 5)회 반복한다. [총 42(48, 54)코]

매단 4코 줄임

줄이는 단을 6(7, 8)회 반복한다. [총 18(20, 22)코]

마무리

메리야스 잇기를 한다.

137

Blooming socks

블루밍 양말

활짝 핀 꽃이 가득한 양말입니다.
산뜻한 색으로 뜬 블루밍 양말은 신기만 해도 기분이 좋아지지요.
상큼한 색을 골라 가득가득 꽃을 피운 양말을 만들어 보세요.

완성 크기

사이즈 : 1(2)
발둘레 : 20(22.5)cm (약 2.5cm 여유)
발길이 : 측정한 발길이보다 1~2cm 작게 완성
샘플 : 사이즈 2, 양말 발길이 23cm

실

kpc yarn의 글랜콜 4ply
A실 - 피코크 1볼
B실 - 아이보리 1볼
C실 - 레드소르베 1볼

도구

2.5mm 대바늘, 마커, 자, 가위, 돗바늘

게이지

2.5mm 대바늘
10cm 메리야스 : 32코x46단
10cm 배색뜨기 : 32코x35단

뜨는 순서

커프 다운(cuff down)
커프 → 다리 → 뒤꿈치 → 발 → 발가락

베리에이션 컬러 추천

A실 - ● 패러킷
B실 - ○ 아이보리
C실 - ● 오렌지필

커프

| A실로 뜹니다. |

코잡기

2.5mm 대바늘로 56(64)코를 만든다. [총 56(64)코]

고무뜨기

마커A 걸기, 원형으로 *겉뜨기 1, 안뜨기 2, 겉뜨기 1*을 11(13)단 반복한다.

8코 늘리기

사이즈 1

*겉뜨기 1, 안뜨기 2, 겉뜨기 1, 왼코 늘리기, 겉뜨기 1, 안뜨기 2, 겉뜨기 1*을 3회 반복, 겉뜨기 1, 안뜨기 2, 겉뜨기 1, 왼코 늘리기, *겉뜨기 1, 안뜨기 2, 겉뜨기 1, 왼코 늘리기, 겉뜨기 1, 안뜨기 2, 겉뜨기 1*을 3회 반복, 겉뜨기 1, 안뜨기 2, 겉뜨기 1, 왼코 늘리기를 한다. [총 64코]

사이즈 2

*겉뜨기 1, 안뜨기 2, 겉뜨기 1, 왼코늘리기, 겉뜨기 1, 안뜨기 2, 겉뜨기 1*을 1단 반복한다. [총 72코]

다리

배색뜨기

배색 도안 1~36단을 2회 반복한다. [총 64(72)]

뒤꿈치

| B실로 뜹니다. |

숏로우 첫 번째

1. 겉뜨기 32(35), 편물을 뒤집는다. [뒤꿈치 33(37)코]
2. **안면** DS 만들기, 안뜨기 30(32), 편물을 뒤집는다.
3. **겉면** DS 만들기, DS 전까지 겉뜨기, 편물을 뒤집는다.
4. **안면** DS 만들기, DS 전까지 안뜨기, 편물을 뒤집는다.
5. **3~4**를 8(9)회 더 반복한다.

- 겉면 왼쪽부터 일반코 1(2), DS 9(10), 일반코 12(12), DS 10(11), 일반코 1(2)이 됩니다.

숏로우 두 번째

1. **겉면** DS 만들기, DS 전까지 겉뜨기, DS 겉뜨기 2, 편물을 뒤집는다.
2. **안면** DS 만들기, DS 전까지 안뜨기, DS 안뜨기 2, 편물을 뒤집는다.
3. **1~2**를 7(8)회 더 반복한다.
4. **겉면** DS 만들기, DS 전까지 겉뜨기, DS 겉뜨기 2, 겉뜨기 1(2), 편물을 뒤집는다.
5. **안면** 걸러뜨기, DS 전까지 안뜨기, DS 안뜨기 2, 안뜨기 1(2), 편물을 뒤집는다.

발

원형 배색 참고

배색뜨기

배색 도안 1~36단을 완성하려는 양말 발길이보다 약 4(5)cm 작을 때까지 반복한다. 이때 배색 도안 18단 또는 36단에서 끝나도록 한다. [총 64(72)코]

- 샘플의 경우 : 18cm
  발길이 23cm - (사이즈 2) 5cm = 18cm

사이즈 1

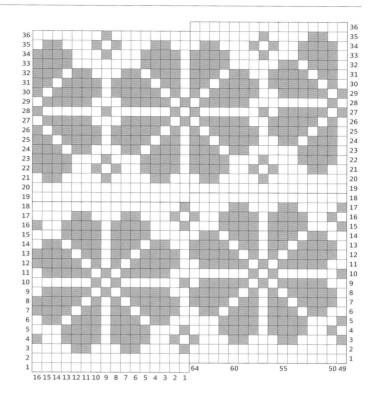

사이즈 2

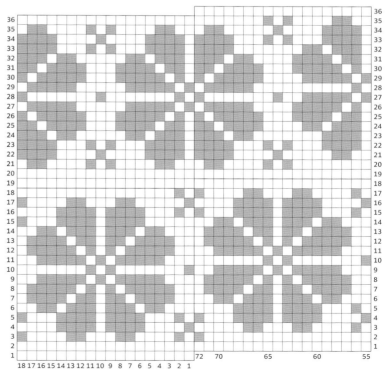

☐ B실
▨ C실

141

| A실로 뜹니다. |

겉뜨기를 1단 뜬다.

발등과 발바닥으로 나눔

겉뜨기 33(37), 마커B 걸기, 단 끝까지 겉뜨기한다.
[총 64(72)코, 발바닥 33(37)코, 발등 31(35)코]

발바닥만 2코 줄임

1. 겉뜨기 1, 오른코 모아뜨기, 마커B 앞에 3코 남을 때까지 겉뜨기, 왼코 모아뜨기, 겉뜨기 1, 마커B, 단 끝까지 겉뜨기한다. [총 62(70)코, 발등, 발바닥 31(35)코]
2. 겉뜨기를 1단 뜬다.

2단마다 4코 줄임

1. **줄이는 단** 겉뜨기 1, 오른코 모아뜨기, 마커B 앞에 3코 남을 때까지 겉뜨기, 왼코 모아뜨기, 겉뜨기 1, 마커B, 겉뜨기 1, 오른코 모아뜨기, 단에 3코 남을 때까지 겉뜨기, 왼코 모아뜨기, 겉뜨기 1을 한다. [총 58(66)코]
2. 겉뜨기를 1단 뜬다.
3. 1~2를 4(5)회 더 반복한다. [총 42(46)코]

매단 4코 줄임

줄이는 단을 5(6)회 반복한다. [총 22(22)코]

마무리

메리야스 잇기를 한다.

Secret socks

비밀정원 양말

마음속 소중한 보물을 심어둔 나만의 정원을 담은 양말이에요.
가는 바늘로 뜨는 배색이라서 완성까지의 과정이 더디게 느껴질 수 있습니다.
하지만 그만큼 섬세함이 살아 있어 내 옷장의 빛나는 보석이 되어 줄 거예요.

완성 크기

사이즈 : 1(2, 3)
발둘레 : 18.5(21, 23.5)cm (약 1.5cm 여유)
발길이 : 측정한 발길이보다 1~2cm 작게 완성
샘플 : 사이즈 2, 양말 발길이 23cm

실

랑(Lang)의 자올(Jawoll)
A실 - 279번 1볼
B실 - 94번 1볼
C실 - 159번 1볼

도구

2.0mm 대바늘, 2.25mm 대바늘, 마커, 자, 가위, 돗바늘

게이지

2.0mm 대바늘
10cm 메리야스 : 40코x52단
10cm 배색뜨기 : 38코x42단

뜨는 순서

커프 다운(cuff down)
커프 → 다리 → 뒤꿈치 → 발 → 발가락

베리에이션 컬러 추천

A실 - ● 249번
B실 - ○ 94번
C실 - ● 216번

커프

| A실로 뜹니다. |

코잡기

2.25mm 대바늘로 70(80, 90)코를 만든다. [총 70(80, 90)코]

무늬뜨기

1. 마커A를 걸고, 원형으로 안뜨기를 1단 뜬다.
2. *겉뜨기 1, 바늘비우기, 겉뜨기 3, 중심3코 모아뜨기, 겉뜨기 3, 바늘비우기*를 1단 반복한다.
3. *겉뜨기 1, 꼬아뜨기 1, 겉뜨기 7, 꼬아뜨기 1*을 1단 반복한다.
4. **2~3**을 2회 더 반복한다.

고무뜨기

1. 겉뜨기 2, *안뜨기 2, 겉뜨기 3*을 단에 3코 남을 때까지 반복, 안뜨기 2, 겉뜨기 1을 한다.
2. **1**을 4회 더 반복한다.

다리

B실과 2.0mm 대바늘로 겉뜨기를 1단 뜬다. [총 70(80, 90)코]

원형 배색 참고

배색 첫 번째

배색 도안 1~5단을 뜬다.

배색 두 번째

1. 배색 도안 6~17단을 3회 반복한다.
2. 배색 도안 6~10단을 뜬다.

배색 도안

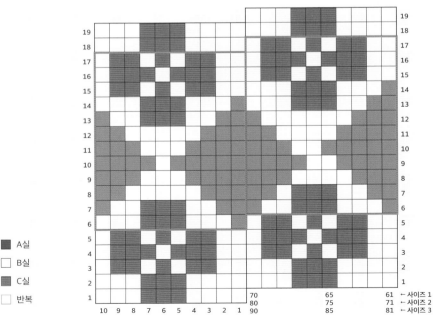

A실
B실
C실
반복

146

뒤꿈치

| C실로 뜹니다. |

숏로우 첫 번째

1. 겉뜨기 36(41, 46), 안면이 보이게 편물을 뒤집는다.
   [뒤꿈치 36(41, 46)코]
2. **안면** 걸러뜨기, 안뜨기 34(39, 44), 편물을 뒤집는다.
3. **겉면** DS 만들기, 겉뜨기 32(37, 42), 편물을
   뒤집는다.
4. **안면** DS 만들기, DS 전까지 안뜨기, 편물을 뒤집는다.
5. **겉면** DS 만들기, DS 전까지 겉뜨기, 편물을 뒤집는다.
6. 4~5를 9(11, 13)회 더 반복한다.

- 안면 왼쪽부터 일반코 1, DS 11(13, 15), 일반코
  13(14, 15), DS 10(12, 14), 일반코 1이 됩니다.

숏로우 두 번째

1. **안면** DS 만들기, DS 전까지 겉뜨기, DS 안뜨기 2,
   편물을 뒤집는다.
2. **겉면** DS 만들기, DS 전까지 겉뜨기, DS 겉뜨기 2,
   편물을 뒤집는다.
3. 1~2를 8(10, 12)회 더 반복한다.
4. **안면** DS 만들기, DS 전까지 안뜨기, DS 안뜨기 2,
   안뜨기 1, 편물을 뒤집는다.
5. **겉면** 걸러뜨기, DS 전까지 겉뜨기, DS 겉뜨기 2,
   겉뜨기 1을 한다.

코 옮기기

오른쪽 바늘에 걸려있는 뒤꿈치코 36(41, 46)를 왼쪽
바늘로 옮기고 C실을 자른다.

발

배색 첫 번째

1. 배색 도안 11~17단을 뜬다. [총 70(80, 90)코]
2. 배색 도안의 6~17단을 완성하려는 양말 발길이보다
   약 5(5.5, 6)cm 작을 때까지 반복한다. 이때 배색
   도안 17단에서 끝나도록 한다.

- 샘플의 경우 : 17.5cm
  발길이 23cm - (사이즈 2) 5.5cm = 17.5cm

배색 두 번째

1. 배색 도안 18~19단을 뜬다.
2. B실로 겉뜨기를 1단 뜬다.

발가락

| A실로 뜹니다. |

겉뜨기 36(41, 46), 마커B 걸기, 단 끝까지 겉뜨기한다.
[총 70(80, 90)코]

발바닥만 2코 줄이기

1. 겉뜨기 1, 오른코 모아뜨기, 마커B 앞에 3코 남을
   때까지 겉뜨기, 왼코 모아뜨기, 겉뜨기 1, 마커B, 단
   끝까지 겉뜨기한다. [총 68(78, 88)코]
2. 겉뜨기를 1단 뜬다.

2단마다 4코 줄임

1. **줄이는 단** 겉뜨기 1, 오른코 모아뜨기, 마커B 앞에
   3코 남을 때까지 겉뜨기, 왼코 모아뜨기, 겉뜨기 1,
   마커B, 겉뜨기 1, 오른코 모아뜨기, 단에 3코 남을
   때까지 겉뜨기, 왼코 모아뜨기, 겉뜨기 1을 한다. [총
   64(74, 84)코]
2. 겉뜨기를 1단 뜬다.
3. 1~2를 5(6, 7)회 반복한다. [총 44(50, 56)코]

매단 4코 줄임

줄이는 단을 5(6, 7)회 반복한다. [총 24(26, 28)코]

마무리

메리야스 잇기를 한다.

Small socks

작은 발 양말

가장 기본적인 방법으로 뜬 아기 양말입니다.
발목 부분은 세 가지 디자인 중 원하는 느낌으로 고를 수 있습니다.
조금씩 다른 디테일이 아기자기해 너무나도 귀엽답니다.

완성 크기

사이즈 : 아기
발둘레 : 12cm (약 2.5cm 여유)
발길이 : 측정한 발길이보다 1cm 작게 완성

실

산네스 간(Sandnes Gan)의 선데이(Sunday)
A실 - 1012번 1볼
B실 - 2345번 1볼

도구

2.5mm 대바늘, 마커, 자, 가위, 돗바늘

게이지

2.5mm 대바늘
10cm 메리야스 : 32코×42단

뜨는 순서

커프 다운(cuff down)
커프 → 다리 → 뒤꿈치 → 거싯 → 발 → 발가락

베리에이션 컬러 추천

B실 - ● 3536번, ◗ 7723번

커프

| A실로 뜹니다. |

코잡기

2.5mm 대바늘로 48코를 만든다. [총 48코]

고무뜨기

1. 마커A 걸기, 원형으로 *겉뜨기 1, 안뜨기 2, 겉뜨기 1*을 단 끝까지 반복한다. [총 48코]
2. 1을 반복해서 발목 양말과 줄무늬 양말은 6단을, 접는 양말은 26단을 더 뜹니다.

- 발목 양말과 접는 양말은 뒤꿈치로, 줄무늬 양말은 다리로 넘어갑니다.

다리

고무뜨기

1. B실로 *겉뜨기 1, 안뜨기 2, 겉뜨기 1*을 2단 반복한다. [총 48코]
2. A실로 *겉뜨기 1, 안뜨기 2, 겉뜨기 1*을 2단 반복한다.
3. 1~2를 4회 더 반복한다.

뒤꿈치

| B실로 뜹니다. |

*겉뜨기 1, 안뜨기 2, 겉뜨기 1*을 1단 반복하고, 편물을 뒤집고 마커A를 제거한다.

힐플랩

1. **안면** 걸러뜨기, 안뜨기 23, 편물을 뒤집는다. [뒤꿈치 24코]
2. **겉면** *걸러뜨기, 겉뜨기 1*을 뒤꿈치 끝까지 반복, 편물을 뒤집는다.
3. 1~2를 10회 더 반복한다.
4. **안면** 걸러뜨기, 뒤꿈치 끝까지 안뜨기, 편물을 뒤집는다.

힐턴

1. **겉면** 걸러뜨기, 겉뜨기 14, 오른코 모아뜨기, 겉뜨기 1, 편물을 뒤집는다. [뒤꿈치 23코]
2. **안면** 걸러뜨기, 안뜨기 7, 2코 모아안뜨기, 안뜨기 1, 편물을 뒤집는다. [뒤꿈치 22코]
3. **겉면** 걸러뜨기, 벌어진 틈 전에 1코 남을 때까지 겉뜨기, 오른코 모아뜨기, 겉뜨기 1, 편물을 뒤집는다. [뒤꿈치 21코]
4. **안면** 걸러뜨기, 벌어진 틈 전에 1코 남을 때까지 안뜨기, 2코 모아안뜨기, 안뜨기 1, 편물을 뒤집는다. [뒤꿈치 20코]
5. 3~4를 2회 더 반복한다. [뒤꿈치 16코]
6. **겉면** 걸러뜨기, 단 끝까지 겉뜨기한다.

거싯

코줍기

B실로 코줍기 12, 마커A 걸기, *겉뜨기 1, 안뜨기 2, 겉뜨기 1*을 6회 반복, 마커B 걸기, 코줍기 12, 마커A까지 겉뜨기한다. [총 64코]

2단마다 2코 줄임

발목 양말, 접는 양말

1. B실로 *겉뜨기 1, 안뜨기 2, 겉뜨기 1*을 마커B까지 반복, 마커B, 오른코 모아뜨기, 2코 남을 때까지 겉뜨기, 왼코 모아뜨기를 한다. [총 62코]
2. *겉뜨기 1, 안뜨기 2, 겉뜨기 1*을 마커B까지 반복, 마커B, 단 끝까지 겉뜨기한다.
3. 1~2를 7회 더 반복한다. [총 48코]

줄무늬 양말

1. A실로 *겉뜨기 1, 안뜨기 2, 겉뜨기 1*을 마커B까지 반복, 마커B, 오른코 모아뜨기, 단에 2코 남을 때까지 겉뜨기, 왼코 모아뜨기를 한다. [총 62코]
2. *겉뜨기 1, 안뜨기 2, 겉뜨기 1*을 마커B까지 반복, 마커B, 단 끝까지 겉뜨기한다.
3. B실로 *겉뜨기 1, 안뜨기 2, 겉뜨기 1*을 마커B까지 반복, 마커B, 오른코 모아뜨기, 단에 2코 남을 때까지 겉뜨기, 왼코 모아뜨기를 한다. [총 60코]

4. *겉뜨기 1, 안뜨기 2, 겉뜨기 1*을 마커B까지 반복,
   마커B, 남은 코를 겉뜨기한다.
5. 1~4를 3회 더 반복한다. [총 48코]

매단 4코 줄임

줄이는 단을 4회 반복한다. [총 16코]

발

발목 양말, 접는 양말

1. B실로 *겉뜨기 1, 안뜨기 2, 겉뜨기 1*을 마커B까지
   반복, 마커B, 단 끝까지 겉뜨기한다.
   [총 48코]
2. 1을 완성하려는 양말 발길이보다 약 3cm 작을
   때까지 반복한다.

마무리

메리야스 잇기를 한다.

줄무늬 양말

1. A실로 *겉뜨기 1, 안뜨기 2, 겉뜨기 1*을 마커B까지
   반복, 마커B, 단 끝까지 겉뜨기한다. 이를 1회 더
   반복한다. [총 48코]
2. B실로 *겉뜨기 1, 안뜨기 2, 겉뜨기 1*을 마커B까지
   반복, 마커B, 단 끝까지 겉뜨기한다.
   이를 1회 더 반복한다.
3. 1~2를 뒤꿈치 시작에서 쟀을 때, 완성하려는 양말
   발길이보다 약 3cm 작을 때까지 반복한다. 이때
   2에서 끝나도록 한다.

- 양말 발길이 12cm 경우 : 약 9cm
  발길이 12cm - 3cm = 9cm

발가락

| A실로 뜹니다. |

겉뜨기를 1단 뜬다. [총 48코]

2단마다 4코 줄임

1. **줄이는 단** 겉뜨기 1, 오른코 모아뜨기, 마커B 전에
   3코 남을 때까지 겉뜨기, 왼코 모아뜨기, 겉뜨기 1,
   마커B, 겉뜨기 1, 오른코 모아뜨기, 단에 3코 남을
   때까지 겉뜨기, 왼코 모아뜨기, 겉뜨기 1을 한다. [총
   44코]
2. 겉뜨기를 1단 뜬다.
3. 1~2를 3회 더 반복한다. [총 32코]

첫번째오늘의 즐거운 양말 만들기

1판 1쇄 인쇄	2024년 11월 18일
1판 1쇄 발행	2024년 11월 27일

지은이	정윤주
펴낸이	김기옥

실용본부장	박재성
편집 실용 2팀	이나리, 장윤선
마케터	이지수
지원	고광현, 김형식

사진	한정수(studio etc. 010-6232-8725)
스타일·아트 디렉션	김신정(melt studios)
도안 테스터	강혜원, 공미선, 김보현, 배혜영, 유희연, 이경화, 이은수,
	이재화, 이정하, 임현정, 정소영, 정효선, 조선미, 차초롱, 황예지

디자인	onmypaper
인쇄·제본	민언 프린텍

펴낸곳	한스미디어(한즈미디어(주))

주소 121-839 서울시 마포구 양화로 11길 13(서교동, 강원빌딩 5층)
전화 02-707-0337 | 팩스 02-707-0198 | 홈페이지 www.hansmedia.com
출판신고번호 제313-2003-227호 | 신고일자 2003년 6월 25일

ISBN 979-11-93712-69-6 (13590)